로푸드 홈카페

로푸드 홈카페

초판 1쇄 발행 2016년 6월 30일

지은이 김연주
펴낸이 김호석
펴낸곳 도서출판 린
편 집 박은주, 이지연
디자인 박무선
마케팅 이근섭, 오중환
관 리 김소영
주 소 경기도 고양시 일산동구 장항동 776-1 로데오메탈릭타워 405호
전 화 (02) 305-0210 / 306-0210 / 336-0204
팩 스 (031) 905-0221
전자우편 dga1023@hanmail.net
홈페이지 www.bookdaega.com

© 2016, 김연주

ISBN   979-11-87265-02-3 13590

Raw Food

로푸드
홈카페

김연주 지음

Home Cafe

LINN
도서출판 린

Contents

Chapter 01
기본 메뉴

Chapter 02
쿠키와 스낵

Chapter 03

초콜릿과 캔디

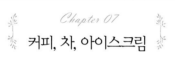

Chapter 07

커피, 차, 아이스크림

로푸드 홈카페에 어서 오세요

달콤한 것을 좋아하시나요? 저도 좋아한답니다! 저는 어린 시절부터 먹는 것을 워낙 좋아하고 자극적인 음식을 좋아했어요. 과식을 버릇처럼 하고 피자, 치킨 등 인스턴트 음식을 달고 살았습니다. 그 결과 초등학교 때부터 20대 중반까지 피부 트러블이 끊일 날 없었습니다. 청소년기와 대학 시절을 항상 비만인 상태로 보내 학교 친구들은 저를 생각하면 뚱뚱하고 여드름 많은 애를 떠올린다고 했을 정도예요. 사회생활을 시작한 후 온갖 다이어트를 시도해 보고 병원과 피부 클리닉에도 큰돈을 투자했지만 작심삼일로 끝나기 일쑤였고, 몸 상태만 안 좋아질 뿐 효과는 없었습니다.

그런데 대학 시절 떠났던 어학연수에서 깜짝 놀랄 일이 일어났어요. 자연환경이 잘 살아 있는 미국 오레곤 주에서 1년을 지내면서 저는 당시 한국에서는 아직 생소하던 채식 문화를 접하게 되었습니다. 지금은 우리나라에도 채식 식당이 많이 생기고 있지만 그때만 해도 거의 찾아보기 힘들었거든요. 그런데 오레곤 생활 중 다양한 채식 문화가 아주 보편적으로 실천되고 있는 것을 보았고, 그중에서 로푸드라는 것을 알게 되었습니다. 생채식이라고 하면 초식동물처럼 풀만 먹는 것일까 생각했지만 뜻밖에 로푸드로 케이크, 브라우니, 아이스크림 등의 환상적인 디저트도 만들 수 있다는 것을 알게 되었습니다.

그 후 한국으로 돌아와 여전히 비만과 피부 트러블로 고생하면서도 설탕과 밀가루로 범벅된 빵과 디저트를 끊지 못하던 저에게 로푸드는 필연인 듯 다시 돌아왔습니다. 사회생활을 시작하고 점점 더 몸 상태가 좋지 않아졌고, 스트레스에 대한 보상을 찾던 어느날 이래서는 안 되겠다는 생각이 들었지요. 자연스럽게 혼자 로푸드를 시작하게 되었습니다. 그리고 10년 넘게 저를 괴롭혔던 비만과 피부 트러블에서 완전히 벗어날 수 있었습니다.

'음식으로 고치지 못하는 병은 약으로도 고칠 수 없다.'라는 말이 있어요. 이제
와서 생각하면 기본적인 것은 신경 쓰지 않고 비싼 화장품과 다이어트 약에만
의존하려 했다는 것이 우습기도 합니다.

로푸드 하면 쓰디쓴 녹즙, 물에 불린 생쌀 등 맛없는 음식을 떠올리기 쉽지만
생각과는 다르게 아주 맛있는 요리들이 가능합니다! 더구나 불을 쓰지 않기
때문에 훨씬 간단하게 쿠키부터 케이크까지 다양한 디저트를 만들 수 있지요.
신사동, 홍대, 대학로에서 즐기던, 달콤하지만 조금은 부담이 되는 카페 메뉴
들을 로푸드로 만들어 보세요. 어렵지 않게 직접 만들어 죄책감 없이 즐길 수
있는 환상적인 메뉴들이 있다는 것을 알려드리고 싶어 〈로푸드 홈카페〉를 선
보입니다. 저와 같은 고통을 겪는 사람들이 맘껏 맛있는 디저트를 눈치 안 보
고 고급스럽게 즐길 수 있고, 혀만 즐거운 요리가 아닌 몸과 마음까지 행복하게
해주는 요리를 누구나 할 수 있다는 것을 알려 드리고, 부담스럽고 어려운 요
리가 아닌 조금은 생소하지만 익숙한 듯한 로푸드 디저트로 생채식 요리 세계
로의 입문을 도와드립니다.

못 먹고 살던 시절에는 살기 위해 먹었다지만 지금의 현실은 다릅니다. 진정으
로 우리의 몸과 마음을 아름답게 해주는 음식이 필요한 시대입니다. 로푸드는
단순한 요리가 아니라 라이프 스타일의 변화이기도 해요. 언빌리버블한 로푸드
홈카페의 세계로 여러분들은 초대합니다!
Special Thanks to Hweekwon Lee♥

비오는 오후 따뜻한 허브 차 한 잔과 로푸드 브라우니를 먹으며
오래곤걸 김연주

로푸드 홈카페

RAW FOODS

효소가 살아 있는 로푸드 디저트

로푸드란?

100퍼센트 채식 재료만을 이용하여 불을 쓰지 않고 만드는 생식 요리를 말합니다.

로푸드 라이프

【효소】

효소는 우리 인체에서 생활에 필요한 에너지를 내고 모든 기능을 촉진시키는 역할을 합니다. 여러 가지 방법으로 가공된 음식을 과도하게 섭취하면 그 음식을 소화시키기 위해 우리 몸의 에너지 즉 효소를 다량 사용하게 되고, 그 과정에서 노화가 진행되고 각종 질병에 노출되기도 합니다. 과식 후 졸음이 몰려오는 것이 그러한 이유 때문입니다.

로푸드는 생채소의 효소를 자연 그대로 섭취하는 방식으로, 우리 몸을 혹사시키는 독소 등을 효과적으로 제거하고 활력을 줍니다.

로푸드 홈카페를 만나기 전 기본 수칙

【최대한 제철 재료를 사용한다】

가격이 저렴하면서 좋은 영양소를 최대한 가지고 있는 것이 제철 재료입니다. 가능한 한 자연적인 수확기에 수확된 농산물을 사용하도록 합니다.

【친환경 재료를 사용한다】

유기농, 친환경 농법으로 재배된 농산물은 일반 상품에 비해 맛이 더 풍부하고 진할 뿐 아니라 영양소도 훨씬 많이 가지고 있습니다. 가공하지 않고 그대로 먹는 로푸드인 만큼 최대한 우리 몸에 좋은 재료를 사용해 주세요.

【재료는 항상 넉넉히 준비해 두고 음식의 양도 푸짐하게 만든다】

사회생활을 하는 경우 특히, 유혹이 많은 현대사회이다 보니 좋지 못한 음식물을 참기 힘든 경우가 많습니다. 다른 음식을 찾지 않도록 항상 양을 넉넉히 준비해 주세요.

로푸드 홈카페를 위한 워밍업

자주 쓰이는 재료

말린 재료

➜ 견과류 및 씨앗류 (호두, 아몬드, 해바라기씨 등)

로푸드에서 일반 베이킹에서 밀가루가 하는 역할을 해주는 것이 견과류와 씨앗입니다. 바삭바삭한 식감과 고소한 맛을 내 줍니다.

➜ 건과류 (반건시, 건포도, 건크랜베리 등)

달콤한 맛을 내 주기도 하지만 베이킹에서 달걀과 같이 재료를 뭉치게 해주는 역할을 합니다.

➜ 통곡물 (오트밀, 옥수수 등)

견과류와 같이 기본이 되는 재료로, 다양한 식감과 맛을 냅니다.

과일 & 야채

➜ 달콤한 과일 (사과, 바나나, 블루베리 등)

생채소를 더욱 맛있게 먹을 수 있도록 해주고, 생채식을 처음 접하는 분들이 부담 없이 즐길 수 있도록 달콤한 맛으로 도와줍니다.

➜ 신선한 채소 (시금치, 새싹, 양배추 등)

로푸드에서 가장 기본이 되는 재료입니다. 영양소가 풍부하고 다양한 향신료 역할을 하기도 합니다.

그외재료들

→ 오일 (코코넛 오일, 올리브 오일 등)

열을 가하지 않고 자연 그대로의 상태로 추출한 오일은 음식의 풍미를 한층 더 살려 줍니다.

→ 가루 (코코넛가루, 토마토가루 등)

원재료의 수분을 제거해 갈아서 가루로 만든 재료입니다. 보관이 쉽고 재료의 맛을 살려 주는 역할을 합니다.

→ 천연 당 (아가베 시럽, 메이플 시럽, 생꿀 등)

정제된 설탕을 대신할 천연 당으로, 아가베 시럽, 메이플 시럽, 생꿀 등을 쓸 수 있습니다. 〈로푸드 홈카페〉에서는 아가베 시럽을 주로 사용하였습니다.

최소한의 도구

→ 푸드 프로세서

재료를 잘게 다지는 역할을 합니다. 칼을 이용하여 직접 다지는 것보다 더 곱게 다질 수 있고 시간이 단축됩니다.

→ 고속 블렌더

크리미한 주스를 만들거나, 재료를 고운 가루로 만들 때 사용합니다. 재료의 영양소가 손실되는 것을 방지하려면 단시간에 확실하게 갈아 주는 고출력 제품이 좋습니다.

➜ 식품 건조기
생채식 재료의 효소를 파괴하지 않는 한에서 식품을 건조시킬 때 사용합니다.

➜ 계량 도구
재료의 양을 측정하기 위한 도구로 계량 컵과 계량 스푼을 사용합니다. 계량 스푼은 여러 개 구비하지 않아도 손잡이 양쪽에 1T 스푼과 1t 스푼이 붙어 있는 것 하나만 있으면 간편하게 사용할 수 있어요.

로푸드 계량

자연의 재료를 그대로 쓰는 로푸드에서는 다른 요리에 비해 계량이 크게 중요하지 않습니다. 재료의 가공이 없기 때문에 양이 조금씩 달라져도 음식의 맛에 큰 문제가 되지 않기 때문이지요. 표기된 계량을 참조하되 입맛에 맞게 조절해 주세요.

➜ 1컵 200ml 계량컵 기준   ➜ 1큰술 계량 스푼 1T 15g 기준

➜ 1작은술 계량 스푼 1t 5g 기준   ➜ 1꼬집 두 손가락으로 살짝 집은 양

● 분량이 확실히 표기되지 않은 경우 맛이나 질기를 보고 원하는 정도의 단맛, 점도로 취향껏 조절해 주세요.

견과류 및 씨앗 발아

우리 몸에 좋은 견과류와 씨앗을 사용하실 때는 꼭 신경 써야 할 부분이 있습니다. 우선 물에 담가 발아시켜서 사용해야 한다는 것인데요, 그 이유는 바로 생 견과류와 씨앗에 효소저지물질(Enzyme Inhibitors)이 들어 있기 때문입니다.

【 효소저지물질이란? 】

견과류, 씨앗 그리고 현미나 콩 등 껍질을 덜 벗긴 통곡물에는 우리 몸에 좋은 효소가 많이 포함되어 있습니다. 하지만 이러한 재료들은 자신이 가진 효소를 보호하기 위한 물질을 함께 가지고 있습니다. 이런 물질을 효소저지물질이라고 합니다.

로푸드의 주된 목적이 식재료의 효소를 그대로 섭취하기 위함인데 효소저지물질이 있는 채로 먹는다면 효소 섭취가 되지 않지요. 오히려 이것을 소화하기 위해 우리 몸의 효소를 과다하게 사용하게 됩니다. 소화 효소를 만들어 내느라 췌장이 과로하게 되는 것이죠. 견과류를 많이 먹었을 때 속이 더부룩해지는 것은 바로 이 때문에 발생하는 현상입니다. 췌장이 과로를 거듭하면 췌장의 크기는 점점 커지고, 그에 반비례해 뇌의 크기는 점점 줄어들게 되어 두뇌의 기능이 저하됩니다. 수험생 시절 몸보신 명목으로 과식을 하고 나면 오히려 더 집중이 안 되는 경험은 많이 해보셨을 거예요.
이러한 효소저지물질을 중화하는 데는 두 가지 방법이 있습니다.

❶ 물에 불린 후 건조 ❷ 가열

두 번째 방법인 가열은 효소저지물질을 없앨 수는 있지만 효소가 불에 약하기 때문에 우리가 원하는 효소까지 다 파괴됩니다. 그래서 로푸드에서는 첫 번째 방법, 즉 물에 불리는 방법으로 효소저지물질을 중화해 줍니다. 살아 있는 씨앗류를 물에 불리면 싹트기 전의 상태가 되면서 효소저지물질의 방어가 해제된답니다.

【 물에 불리는 시간 】

➜ 아몬드   12시간   ➜ 호두, 피칸   4시간

➜ 캐슈넛   2~3시간   ➜ 아마씨   6시간

➜ 해바라기씨   8시간   ➜ 메밀   5시간

【 견과류 밑준비의 예 _ 호두 】

❶ 호두를 정수된 물에 4시간 이상 불려서 효소저지물질을 중화시킨 다음 식품건조기 45도 온도에서 건조시킨다. ➜ 효소는 염소에 약하기 때문에 수돗물이 아닌 정수된 물을 사용하도록 합니다.

❷ 효소저지물질이 중화되어 건조된 견과류 및 씨앗은 밀봉하여 냉장 보관한다.
➜ 효소는 열에도 약하지만 지나치게 낮은 온도에서도 죽어버리기 때문에 냉동실이 아닌 냉장 보관이 필수입니다.

【 통곡물 싹틔우기 예 _메밀 】

❶ 메밀을 깨끗이 씻어 정수된 물에 5시간 이상 불린다.

❷ 메밀에서 나오는 끈끈한 액체와 냄새 제거를 위해 최대한 여러 번 잘 씻어준다.

❸ 메밀을 겹치지 않게 넓게 펼친 후 1–2일 정도 하루 한두 번 스프레이로 물을 준다.

❹ 0.5센티미터 정도 싹이 자라면 식품건조기 45도 온도에서 12시간 이상 건조시킨다.

❺ 밀봉 후 냉장 보관한다.

코코넛 밀크·아몬드 밀크·심플 코코넛 밀크·케첩·마요네즈·마리나라 소스·시금치 페스토·타르타르 소스

리얼 머스터드·반건시 반죽·아몬드 버터·스트로베리 잼·블루베리 민트 치아 잼·치아 젤·아몬드 버터

아몬드 치즈·캐슈넛 치즈·크림 치즈·리코타 치즈·펌킨 퓨레·캐러멜 어니언 절임·발사믹 캐러멜 어니언 절임

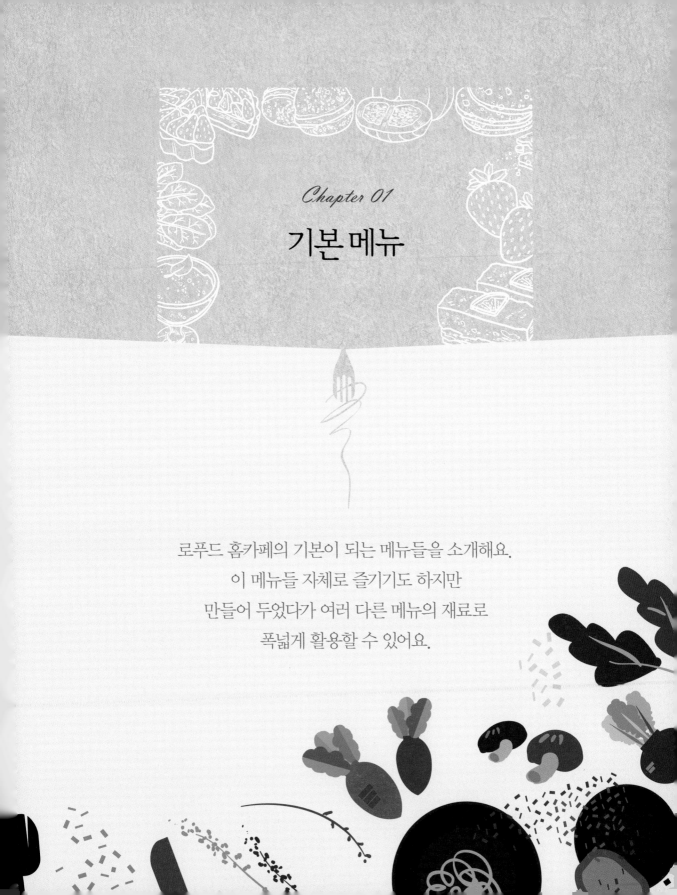

Chapter 01

기본 메뉴

로푸드 홈카페의 기본이 되는 메뉴들을 소개해요.
이 메뉴들 자체로 즐기기도 하지만
만들어 두었다가 여러 다른 메뉴의 재료로
폭넓게 활용할 수 있어요.

신의 열매라 불리는~
코코넛의 정수를 마셔요

코코넛 밀크

코코넛 워터를 마시고 난 후 남은 코코넛 미트로 밀크를 만들면 시중에 판매하는 코코넛 밀크보다 훨씬 더 청량한 맛을 느낄 수 있어요. 로푸드 코코넛 밀크는 가공되지 않은 코코넛의 영양을 그대로 섭취할 수 있어 면역력 향상과 뼈 건강에 큰 도움이 됩니다.

🌾 재료

코코넛 1개
대추야자 2큰술
천일염 약간
물 4컵

1
2
3
4
5
6

1. 코코넛의 껍질 부분을 잘라내고 구멍을 내서 빨대를 꽂아 코코넛 워터를 시원하게 마셔요.

2. 코코넛 열매 안쪽의 과육(코코넛 미트)를 수저로 긁어내어

3. 따로 분리해 주세요.

4. 고속 블렌더에 코코넛 미트, 대추야자, 천일염, 물을 넣고 간 다음,

5. 밑에 볼을 받치고 면布에 거름니다.

6. 한약 짜듯이 꾹 짜서 코코넛 밀크를 끝까지 뽑아 주세요!

TIP1 코코넛 밀크를 만들고 남은 펄프는 디저트 재료로 사용할 수 있어요.
TIP2 코코넛은 수입 과일이라 유통과정에서 상한 과일이 섞여 들어오는 경우도 있답니다. 구입하실 때 꼭 싱싱한 코코넛인지 확인하고 구입하세요.

유제품이 들어가지 않은~ 순수 채식 우유

아몬드밀크

유제품 대신 견과류로 구수한 채식 우유를 만들어 보세요!
로푸드 밀크는 그냥 마셔도 좋지만 브레드, 쿠키 등과 함께 즐기기에 좋아 활용도
높은 마법의 우유입니다. 우유가 들어가지 않은 새하얀 우유로 가볍고 상쾌하게
로푸드를 시작해요.

🌾 재료
아몬드 1컵, 반건시 1개, 물 3컵

🌾 미리 준비할 것
• 아몬드를 정수된 물에 12시간 이상 불려 주세요.

 Recipe 아몬드, 반건시, 물을 모두 갈아 면보에 조금씩 넣어 가면서 꾹 짜서 아몬드 밀크를 내려요.

TIP1 아몬드 밀크를 내리고 남은 펄프는 따로 다양한 디저트 재료로 활용할 수 있어요.
TIP2 호두, 피스타치오, 캐슈넛 등의 견과류로 만들어도 색다른 맛을 즐기실 수 있어요. 캐슈 밀크는 면보에 거를 필
요 없이 그냥 사용할 수 있습니다.

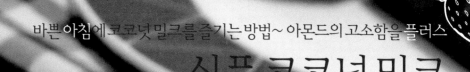

바쁜 아침에 코코넛 밀크를 즐기는 방법~ 아몬드의 고소함을 플러스

심플코코넛밀크

코코넛 열매가 몸에 좋은 것은 사실이지만 바쁜 아침에 손질하려면 까다로워요. 그럴 땐 간단하게 시중에 파는 코코넛 워터와 미리 내려 놓은 아몬드 밀크를 이용해 심플 코코넛 밀크를 만들어 보세요. 코코넛 워터를 구입할 때 꼭 100퍼센트 코코넛 워터인지 확인해 주세요!

🌿 재료
코코넛 워터 1 ½컵, 아몬드 밀크 1컵, 아가베 시럽 1큰술

🌿 미리 준비할 것
• 아몬드 밀크를 준비해 주세요.

고속 블렌더에 코코넛 워터, 아몬드 밀크, 아가베 시럽을 넣고 거품이 나도록 갈아 주세요.

케첩 하면 토마토 케첩만? 단호박으로 만든 케첩 맛 한번 보세요

케첩

새빨간 토마토 케첩은 새콤달콤한 맛으로 간편하게 다양한 요리에 곁들여지는 인기 소스지만, 토마토 외에 맛을 내기 위해 들어간 수많은 자극적인 재료 탓에 뒷맛이 개운하지 않을 때가 많아요. 가끔은 달콤한 단호박으로 만든 옅은 붉은 빛의 색다른 케첩을 곁들여 보세요!

🌿 재료

펌킨 퓨레 1컵, 비트 즙 ¼컵, 고운 코코넛 가루 ¼컵
애플사이다 식초 3큰술, 천일염 약간, 양파 ⅓작은술, 갈릭 파우더 ½작은술
올스파이스 ¼작은술, 생강 1톨(새끼손톱 크기), 시나몬 파우더 ½작은술

🌿 미리 준비할 것

• 48쪽 펌킨 퓨레와 비트 즙을 준비해 주세요.

 고속 블렌더에 모든 재료를 넣고 곱게 갈아 주세요.

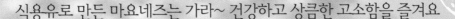

식용유로 만든 마요네즈는 가라~ 건강하고 상큼한 고소함을 즐겨요

마요네즈

디핑 소스 중 빼놓을 수 없는 마요네즈는 고소하고 기름진 맛으로 인기가 많지만 칼로리가 높아 다이어트 할 때는 꺼려지지요. 로푸드 마요네즈는 캐슈넛으로 만들어 칼로리 부담은 줄이고 영양 밀도는 높인 기특한 소스랍니다. 야채 스틱, 샐러드, 샌드위치와 함께 부담 없이 즐겨 보세요.

🌿 재료
캐슈넛 1컵, 레몬 ½개, 반건시 1개, 천일염 약간, 어니언 파우더 1작은술
갈릭 파우더 ¼작은술, 올리브 오일 2큰술

🌿 미리 준비할 것
• 캐슈넛을 정수된 물에 3시간 이상 불려 주세요.

고속 블렌더에 캐슈넛, 레몬, 반건시, 천일염, 어니언 파우더, 갈릭 파우더를 크리미하게 갈아요. 올리브 오일을 넣고 다시 한 번 갈아 주면 완성!
TIP 로푸드 마요네즈는 일반 참치 샌드위치를 만들 때 써도 훌륭하게 어울립니다.

이탈리아 요리를 즐기고 싶을 때~
기본이 되는 로푸드 소스

마리나라 소스

마리나라 소스는 토마토를 주원료로 다양한 양념을 곁들여 만든 소스랍니다. 마늘, 양파 같은 향신채에 허브를 첨가해 즐기기도 합니다. 피자, 스파게티 같은 이탈리아 요리를 로푸드로 즐기고 싶다면 가장 먼저 만들어 봐야 할 소스지요.

재료

방울토마토 1컵
양파 1큰술
다진 마늘 ½작은술
이탈리안 시즈닝 2큰술
천일염 약간
토마토 가루 2~3큰술

1

2

천일염

바닷물을 염전으로 끌어들여 바람과 햇빛만으로 수분만 증발시켜 만든 자연의 선물 천일염은 미네랄이 풍부하고 염화나트륨이 적어 다이어트에 도움이 됩니다. 요리할 때 살짝 첨가해 주면 단맛을 증진시켜 음식의 풍미를 더하는 효과가 있습니다.

1. 푸드 프로세서에 방울토마토, 양파, 다진 마늘, 이탈리안 시즈닝, 천일염을 갈고,
2. 토마토 가루를 넣고 다시 한 번 갈아서 걸쭉한 소스를 만들어 주세요.
   TIP1 일반 토마토보다 방울토마토를 사용하는 편이 더 달콤한 소스를 만들 수 있어요.
   TIP2 토마토 가루는 새콤한 맛을 내는 역할도 하지만 소스의 점도를 조절하는 역할을 합니다. 한번에 다 넣지 말고 상태를 봐 가며 조금씩 첨가해 주세요.

바질보다 친근한 시금치~
익숙한 재료로 쉽게 별미 소스를 만들어요

시금치 페스토

페스토는 가공하지 않은 신선한 바질을 빻고 마늘, 올리브, 치즈 등을 섞어 향긋하게 만들어낸 바질 페스토의 형태로 많이 접해 보셨을 거예요. 한국에서는 바질을 쉽게 구하기 힘들죠. 그런데 쉽게 구할 수 있는 재료인 시금치로도 향긋한 페스토 소스를 만들 수 있답니다. 치즈 대신 들어가는 영양 효모가 치즈의 깊은 풍미도 쉽게 내 주지요.

 재료

시금치 1줌
캐슈넛 1컵
레몬 즙 1큰술
영양 효모 1큰술
다진 마늘 ½작은술
물 ½컵
천일염 약간
올리브유 1큰술

1

2

3

미리 준비할 것

•캐슈넛을 정수된 물에 3시간 이상 불려 주세요.

1. 시금치, 캐슈넛, 레몬 즙, 영양 효모, 다진마늘, 물, 천일염을 모두 고속 블렌더에 넣어 크리미하게 갈아 주세요.
   TIP 물의 양은 농도를 보면서 조절해 주세요.
2. 크리미하게 갈린 페스토에 올리브 오일을 넣고 다시 한 번 갈아 마무리!

고소함의 끝에 새콤함을 더한~
영국의 맛을 전해 드려요
타르타르소스

마요네즈를 기본으로 하는 타르타르 소스는 영국에 가면 펍이나 피시 앤드 칩스 가게에서 쉽게 만날 수 있지요. 진하고 고소하면서 느끼함을 잡아 주는 새콤한 맛이 섞여 있어 해시브라운이나 닭 가슴살 구이에도 많이 곁들이는데요. 기름진 튀김 대신 로푸드 피시 앤드 칩스와 함께 즐길 수 있는 타르타르 소스를 소개해요. 샐러드 드레싱으로 사용해도 독특한 매력을 느낄 수 있는 소스입니다.

재료

캐슈넛 1컵
애플사이다 식초 1큰술
갈릭 파우더 ½작은술
천일염 약간
레몬 ½개
양파 1큰술

1   2

미리 준비할 것
• 캐슈넛을 정수된 물에 3시간 이상 불려 주세요.

캐슈넛

565kcal (100그램)/연중 출하

피부 노화 방지 및 항산화 효과가 뛰어난 캐슈넛은 혈중 콜레스테롤 수치를 낮춰 수기에 각종 성인병 예방에 효과적입니다. 다른 견과류에 비해 무른 편이라 물에 불린 후 곱게 갈아 여러 가지 크림이나 케이크 필링에 두루 사용합니다.

Recipe

1. 고속 블렌더에 모든 재료를 넣고,
2. 크리미하게 갈아 주면 완성!
   TIP 264쪽 피시 앤드 칩스와 세트 메뉴로 즐겨 보세요.

알싸한 향이 가득~ 색소 없이 향긋한 맛

리얼 머스터드

시중에서 볼 수 있는 홀그레인 머스터드는 가격도 센 편이고 한 병 사 놓으면 한 번 먹고 냉장고에 잊혀지기 쉬운데요. 겨자 씨로 그때그때 필요한 만큼씩 신선한 머스터드 소스를 직접 만들어 보세요. 색소가 들어가지 않은 로푸드 머스터드 소스는 다소 빛깔이 어둡지만 마요네즈를 기반으로 한 머스터드 소스보다 깊은 향이 나고, 아이와 어른 모두 즐길 수 있는 부담 없는 맛이랍니다.

🌱 **재료**
겨자 씨 ¾컵, 대추야자 2개, 레몬 ½개
생간장 2큰술, 물 약간

🌱 **미리 준비할 것**
• 겨자 씨를 정수된 물에 8시간 이상 불려 주세요.

고속 블렌더에 모든 재료를 넣어 곱게 갈아 주면 완성!

여러 가지 메뉴에 쓰이는~ 로푸드 디저트의 기본

반건시 반죽

로푸드 요리에서 반건시는 달콤한 맛을 내주기도 하지만 베이킹에서 달걀이 하는 역할처럼 재료들을 한데 뭉치게 해주는 역할도 한답니다. 맛과 모양을 둘 다 책임 지는 기본 반건시 반죽입니다.

🌿 재료

반건시 1컵, 레몬 ½개, 물 약간

Recipe

1. 레몬을 반으로 잘라 즙을 내 주세요.
2. 고속 블렌더에 반건시와 레몬 즙을 넣고 물을 조금씩 첨가하면서 갈아서 반죽을 만들어요.

생딸기로 만들어 더욱 신선해요~
설탕 없이도 달콤한 딸기잼이 됩니다

스트로베리 잼

어린 시절부터 항상 주변에 있었던 딸기 잼이지만, 한번 만들려면 냄비에 딸기와 설탕을 섞어 불 앞에서 계속 저어 가며 졸여야 했지요. 로푸드 딸기 잼은 끓이거나 졸이는 과정 없이 물을 만나면 부풀어오르는 치아 씨의 성질을 이용하여 손쉽게 만들 수 있어요. 딸기가 달콤한 제철에는 시럽 없이 딸기 본연의 맛으로도 충분히 달콤한 잼을 만들 수 있답니다!

🌿 재료

딸기 1컵
치아 씨 1큰술
물 약간
시럽 약간(없어도 됨)

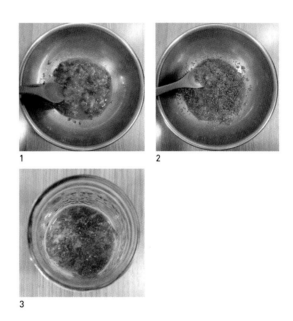

1

2

3

1. 딸기를 볼에 담아 숟가락으로 으깨 주세요.
2. 으깬 딸기에 물, 치아 씨, 시럽을 첨가한 다음 저어서 잘 섞어요.
   TIP 딸기가 달콤할 땐 시럽을 생략해도 좋아요.
3. 만들어진 잼을 유리 병에 옮겨 담아 냉장고에서 1시간 정도 굳혀서 마무리!

블루베리 본연의 맛에 향긋한 민트~ 고급스러운 티푸드를 만들고 싶어져요

블루베리 민트 치아 잼

수퍼 푸드 블루베리! 블루베리가 갖고 있는 항산화 효과는 눈 건강을 지켜 주고
노화를 방지하여 젊음을 유지하는 데 도움을 준다고 해요. 설탕범벅 블루베리 잼
대신 생블루베리의 깊은 맛을 온전하게 담아냅니다.

🌿 재료
블루베리 1컵, 치아 젤 3큰술, 아가베 시럽 1큰술, 천일염 약간
로즈마리 가루 1작은술, 물 약간

🌿 미리 준비할 것
• 치아 젤을 준비해 주세요.

1. 푸드 프로세서에 블루베리를 넣고 물을 조금씩 첨가하며 갈아요.
2. 치아 젤, 아가베 시럽, 로즈마리 가루를 넣고 다시 한 번 갈아서 마무리!

몽글몽글 말캉말캉 예쁘고~ 기분 좋은 식감을 만들어 주는

치아 젤

치아 씨는 물을 만나면 부풀어 오르는 성질이 있어요. 잼이나 푸딩 등을 만들 때
다용도로 이용된답니다.

🌱 재료
치아 씨 ⅓ 컵, 물 2컵

 유리 병에 치아 씨와 물을 넣고 뚜껑을 닫아 흔들어 주면 완성!

제과와 프랑스 요리의 생명인 버터~
아몬드로 더욱 고소하게 만들었어요

아몬드버터

생아몬드로 이렇게 고소한 버터가 만들어지다니, 맛을 보시면 깜짝 놀라실 거예요. 다양한 요리 재료로 두루 활용되는 기본 아몬드 버터 입니다.

🌾 **재료**

아몬드 2컵
올리브 오일 8큰술
천일염 약간
물 약간

🌾 **미리 준비할 것**

• 아몬드를 정수된 물에 12시간 이상 불린 후 식품 건조기로 건조시켜 둡니다.

1

2

3

Recipe

1. 푸드 프로세서에 물기가 없도록 깨끗이 수분을 제거한 다음 아몬드를 넣어 갈아 주세요.
2. 잘게 분쇄된 아몬드에 올리브 오일, 천일염, 물을 조금씩 넣으면서 5분 이상 계속 갈아 주세요.
3. 매끄럽고 크리미한 버터가 완성되면 밀폐 용기에 담아 보관해요.

상상할 수 없었던~ 아몬드의 변신
아몬드치즈

견과류를 잘 활용하면 로푸드 홈카페에서도 다양한 풍미의 치즈를 만나실 수 있어요. 그 첫 번째, 아몬드로 만든 치즈입니다. 방법은 간단해요. 치즈가 잘 발효될 수 있도록 서늘한 곳에서 보관만 잘 해주시면 된답니다.

☙ 재료

아몬드 1컵
프로바이오틱스 1캡슐
물 ½컵

☙ 미리 준비할 것

• 아몬드를 정수된 물에 12시간 이상 불려 주세요.

1

2

3

1. 고속 블렌더에 아몬드와 함께 프로바이오틱스 캡슐을 열어 가루를 넣습니다. 물을 첨가하면서 크리미하게 갈아 주세요.
2. 밑에 볼을 받치고 면보에 간 것을 부어서 여분의 물기를 빼고
3. 면보로 잘 싼 치즈를 누름돌이나 유리그릇 등 무거운 물건으로 눌러 햇빛이 안 드는 서늘한 곳에서 12시간 이상 발효시켜 주세요.
   TIP 프로바이오틱스는 유산균으로, 아몬드 치즈를 발효시키는 역할을 합니다.

부드러운 식감, 고소한 맛~
찍어 먹는 로푸드 치즈

캐슈넛 치즈

크리미한 촉감과 깊은 맛으로 디핑 소스로 아주 잘 어울리는 치즈입니다. 채소 스틱
에 찍어 먹어도 좋아요. 크래커나 칩과도 함께 즐겨 보세요.

🌿 재료

캐슈넛 2컵
프로바이오틱스 1캡슐
영양 효모 3작은술
천일염 약간
물 1컵

🌿 미리 준비할 것

• 캐슈넛을 정수된 물에 3시간 이상 불려 주
세요.

1

2

3

4

5

6

Recipe

1. 고속 블렌더에 캐슈넛, 프로바이오틱스 가루, 물을 넣고 크리미하게 갈아 주고
2. 밑에 볼에 받치고 체에 면보를 깔아
3. 캐슈넛 반죽을 부어 여분의 물기를 뺍니다.
4. 면보로 잘 감싼 후 무거운 물체로 누르고, 서늘한 곳에 두어 상온에서 24시간 이상 발효시켜 주
   세요.
5. 실온 발효된 치즈를 볼에 넣어 영양 효모, 천일염을 주걱으로 잘 섞은 다음
6. 발효 통에 담아 식품 건조기 45도 온도에서 24시간 이상 발효하여 마무리!

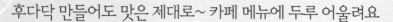

후다닥 만들어도 맛은 제대로~ 카페 메뉴에 두루 어울려요

크림 치즈

미리 치즈를 만들어 둘 시간이 없었다면? 걱정하지 마세요. 즉석에서 간단하게 만들 수 있는 로푸드 홈카페 크림 치즈가 있답니다! 샐러드, 스콘, 베이글 등 다양한 카페 메뉴에 크림 치즈를 곁들여 즐기실 수 있어요.

🌿 재료
캐슈넛 1컵, 올리브 오일 1큰술, 레몬 ½개
마늘 ½작은술, 이탈리안시즈닝 ½작은술, 물 약간

🌿 미리 준비할 것
• 캐슈넛을 정수된 물에 3시간 이상 불려 주세요.

 고속 블렌더에 모든 재료를 넣고 크리미하게 갈아 주세요.

요즘 인기 있는 리코타 치즈를~ 우유 없이 효모로 만들어 즐겨요

리코타 치즈

야채만으로 샐러드를 먹기는 아쉬울 때, 고소하면서도 깊은 풍미를 지닌 리코타
치즈를 곁들인 샐러드는 언제나 환영받는 카페 브런치지요. 샐러드뿐 아니라 디핑
소스에 사용하거나 라자냐 등의 메뉴에도 톡톡히 활용되는 치즈랍니다.

 재료

아몬드 치즈 1컵, 미소 된장 2큰술, 양파 1큰술영양 효모 2작은술
다진 마늘 ½작은술, 너트메그 1꼬집, 물 약간

 미리 준비할 것

•42쪽 아몬드 치즈를 준비해 주세요.

 고속 블렌더에 모든 재료를 넣고 크리미하게 갈아 주세요.

건강식품 단호박으로 만든~ 풍부한 맛의 베이직 퓨레

펌킨 퓨레

단호박은 1년 365일 언제나 즐길 수 있고 우리 몸을 따뜻하게 해주는 효자 재료입니다. 단호박을 이용한 퓨레는 다양한 디저트의 기본 재료로 사용됩니다. 로푸드 퓨레는 끓일 필요가 없어 정말 쉽게 만들 수 있어요.

🌿 재료

단호박 2컵, 물 약간

🌿 미리 준비할 것

• 단호박의 껍질과 씨를 제거해 주세요

1. 단호박을 푸드 프로세서에 넣고 돌려 잘게 다져요.
2. 잘게 다져진 단호박을 고속 블렌더로 옮겨 물을 첨가하면서 크리미하게 다시 갈아 주세요.

캐러멜 어니언 절임

달콤한 양파에 짭짤한 맛을 더하면 신기하게도 캐러멜 맛이 난답니다. 달콤 짭짤한 맛의 캐러멜 어니언 절임은 빵이나 수프에 곁들여져 새롭게 입맛을 자극해 주지요.

🌿 재료

양파 1컵, 올리브 오일 ½컵, 생간장 ½컵, 아가베 시럽 2큰술

Recipe

1. 양파를 채 썰어 볼에 담고 올리브 오일, 생간장, 아가베 시럽을 넣어 절여요.
2. 그대로 냉장고에서 24시간 동안 숙성시키면 완성!

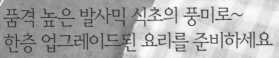

품격 높은 발사믹 식초의 풍미로~
한층 업그레이드된 요리를 준비하세요

발사믹 캐러멜 어니언 절임

'발사믹'이란 이탈리아어로 향기가 좋다는 뜻이에요. 향기롭고 몸에 좋은 발사믹 식초를 넣어 양파를 절이면 음식의 풍미를 더 깊게 할 수 있어요.

 재료

양파 1개
올리브 오일 ½컵
발사믹 식초 ½컵

1   2

Recipe

1. 양파를 얇게 썰어 볼에 담고, 올리브 오일과 발사믹 식초를 넣어 냉장고에서 24시간 동안 절이며 숙성시켜 주세요.
2. 식품 건조기 45도 온도에서 6시간 이상 건조시켜 마무리!

월넛 브라우니·가나슈 브라우니·대추 브라우니·크랜베리 치즈케이크 브라우니·펌킨 브라우니·마카롱

당근 마카롱·메밀 에너지 바·퀴노아 에너지 바·초콜릿 커버처 시나몬 쿠키·브라운 샌드위치 쿠키·진저브레드 쿠키

펌킨 스파이시 슈가 쿠키·뉴욕 타임스 초코칩 쿠키·헤이즐넛 초코칩 쿠키·오트밀 레이즌 쿠키·아몬드 빼빼로

커피 비스킷·스노 도넛 홀·아몬드 크랜베리 에너지 볼·코코넛 먼치킨·월넛 먼치킨·모카 트러플 팝스·스파이시 피스

타치오 브리가데이로·초코 파이·캐러멜어니언 크래커·로즈마리 크래커·멕시칸 아마 씨 크래커·피치 치아 칩

피치 월넛 슬라이스 파이·말차 립파이·칠리 나초·무비 스낵·미소 달콤 케일 칩·매콤 케일 칩·갈릭 케일 칩

진저 케일 칩·이탈리안 케일 칩·스파이시 어니언 링·크리스피 슈스트링 어니언

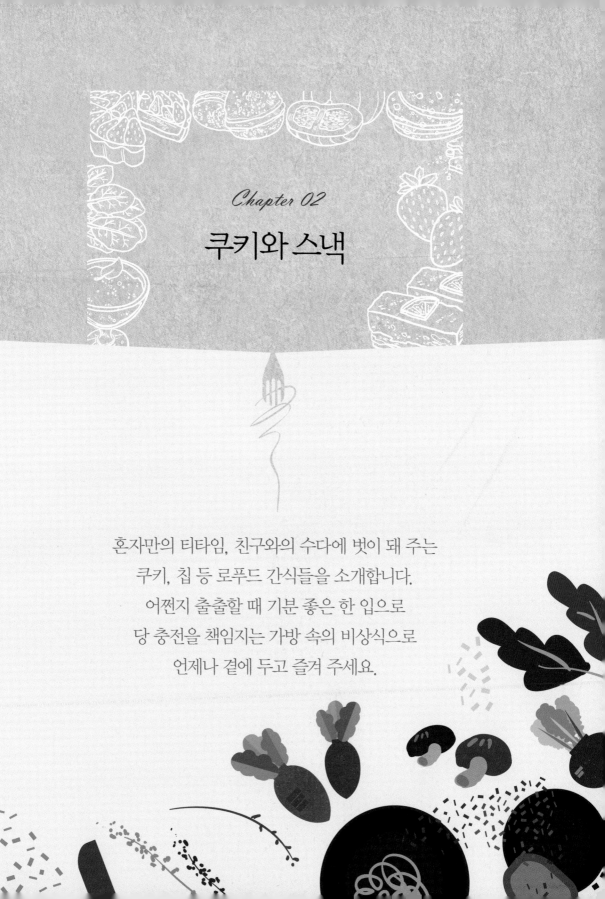

Chapter 02

쿠키와 스낵

혼자만의 티타임, 친구와의 수다에 벗이 돼 주는
쿠키, 칩 등 로푸드 간식들을 소개합니다.
어쩐지 출출할 때 기분 좋은 한 입으로
당 충전을 책임지는 가방 속의 비상식으로
언제나 곁에 두고 즐겨 주세요.

오독오독 고소하게 씹히는~
진짜 호두와 카카오의 그윽한 풍미

월넛 브라우니

진하고 달달한 디저트 하면 제일 먼저 생각나는 브라우니는 로푸드 디저트 중 가장 기본적이고도 인기 있는 메뉴입니다. 밀가루가 아닌 호두로 만들어 더 꾸덕꾸덕하고, 카카오의 깊은 맛이 생생히 느껴져 로푸드를 처음 시작하시는 분들에게도 정말 좋아요. 건강과 아름다움을 찾는 길, 로푸드 브라우니로 달콤하게 시작해 보세요!

🌿 **재료**

호두 3컵
카카오 가루 6큰술
캐롭 가루 3큰술
반건시 1개
건포도 5큰술
아가베 시럽 3큰술
천일염 약간
물 약간

🌿 **미리 준비할 것**

• 호두는 정수된 물에 4시간 이상 불린 후 식품 건조기로 건조시켜 주세요.

1

2

3

호두

652kcal (100그램)/연중 출하

모양새도 뇌를 닮은 호두. 호두의 성분은 뇌 기능을 도와주어 기억력을 향상시키고 신진대사를 활발하게 하며 피로 회복에도 효과적입니다. 고소한 맛과 오도독오도독 씹히는 식감이 좋아 크러스트나 토핑 등에 다양하게 사용됩니다.

Recipe

1. 푸드 프로세서에 호두를 넣고 갈아요.
2. 카카오 가루, 캐롭 가루, 반건시, 건포도, 아가베 시럽, 천일염을 넣고 물을 조금씩 추가하면서 반죽이 잘 뭉쳐지도록 갈아 주세요.
3. 파운드케이크 틀에 유산지를 깔고 반죽을 꾹꾹 눌러 담은 뒤 10분 정도 냉동실에서 굳히면 완성!

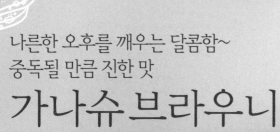

나른한 오후를 깨우는 달콤함~
중독될 만큼 진한 맛

가나슈 브라우니

그 달콤한 맛에 중독되면 헤어나기 힘들다는 '악마의 유혹' 가나슈 초콜릿의 매력을 고소한 브라우니에 더했습니다. 지루할 때, 조금 더 달콤한 맛을 원할 때 오후의 나른함을 확실하게 깨워 줄 가나슈 브라우니 한 조각 어떠세요?

🌿 **재료**

브라우니
캐슈넛 3컵
카카오 가루 6큰술
캐롭 가루 3큰술
아가베 시럽 약 4큰술
물 약간
소금 약간

가나슈
코코넛 오일 1컵
카카오 가루 ⅔컵
아가베 시럽 약 6큰술
천일염

🌿 **미리 준비할 것**

• 캐슈넛을 고속 블렌더로 곱게 갈아 가루를 만들어 주세요.
• 코코넛 오일을 중탕으로 녹여 주세요.

1. 브라우니 재료를 한꺼번에 푸드 프로세서에 넣어 갈아요.
   TIP1 시럽의 양은 취향에 따라 가감해 주세요.
   TIP2 물을 조금씩 추가하며 반죽의 질감을 조절하세요.

2. 사각 파운드 틀에 브라우니 반죽을 평평하게 깔아 주세요.

3. 가나슈 재료를 모두 볼에 담아 스푼으로 잘 섞어 주세요.
   TIP 생각보다 잘 섞이지 않으니 완전히 섞일 때까지 천천히 오래오래 잘 섞어 주세요.

4. 가나슈 크림을 브라우니 반죽 위에 골고루 붓고, 파운드 틀을 조리대 위에 몇 번 탁탁 쳐서 기포를 제거한 다음 냉동실에서 1시간 이상 굳혀 마무리!

묵직한 맛이 질릴 때를 위해~
한결 가볍고 향기로운 메뉴
대추브라우니

호두로 만드는 로푸드 브라우니는 고소하지만 견과류 때문에 가끔은 무겁게 느껴질 수 있어요. 견과류 대신 대추를 넣어 만든 브라우니는 가볍고 쫀득쫀득한 식감으로 색다른 맛을 즐길 수 있고, 향긋하게 퍼지는 대추 향이 정말 좋아요. 대추를 좋아하지 않는 분들도 맛있게 먹을 수 있는 메뉴입니다.

 재료

　말린 대추 1컵
　카카오 가루 2큰술
　아가베 시럽 1큰술

 미리 준비할 것
　• 대추를 물에 30분 정도 불린 후 깨끗하게
　　세척해 주세요.

1

2

3

1. 물에 불린 대추의 씨를 제거하고 푸드 프로세서로 잘 갈아 주세요.
2. 푸드 프로세서에 카카오 가루, 아가베 시럽을 넣은 후 다시 한 번 갈아 주세요.
　　TIP 시럽은 취향에 따라 가감해 주세요.
3. 반죽을 브라우니 모양으로 잡아 준 후 카카오 가루를 묻혀 냉동실에 30분 정도 굳혀 마무리!

새콤한 크랜베리가 예쁜 무늬를 그린~
치즈 케이크와 브라우니를 한 입에 즐겨요

크랜베리 치즈 케이크 브라우니

좀 더 꾸덕하고 부드러운 브라우니를 원한다면 크랜베리 치즈 케이크 브라우니를 만들어 보세요. 고소한 견과류로 만든 브라우니에 치즈 케이크가 합쳐져 한층 더 고급스러워졌어요. 윗면은 부드럽고 아래 브라우니는 고소함 가득! 기분 좋은 당 충전으로 에너지를 채워 주는 메뉴랍니다.

🌿 재료

브라우니

호두 1컵, 반건시 1개

카카오 파우더 4큰술

시나몬 파우더 ¼작은술

코코넛 가루 4큰술

아가베 시럽 2큰술

치즈 케이크

캐슈넛 1컵

코코넛 오일 3작은술

레몬 즙 1큰술

물 ½컵

아가베 시럽 2큰술

크랜베리 글레이즈

크랜베리 ½컵

아가베 시럽 1작은술

1

2

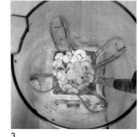
3

6

🌿 미리 준비할 것

• 캐슈넛은 정수된 물에 3시간 이상 불린 후 세척해 주세요.

• 호두는 정수된 물에 4시간 이상 불린 후 식품 건조기로 완전히 건조시켜 주세요.

• 코코넛 오일은 중탕해 녹여 주세요.

Recipe

브라우니

1. 호두 1컵을 푸드 프로세서로 간 다음 나머지 브라우니 재료를 모두 담고 다시 한 번 갈아 주세요.

   TIP1 시럽은 취향에 따라 가감하세요.
   TIP2 물을 조금씩 추가하면서 갈아 반죽의 점도를 조절해 주세요.

2. 사각 무스 틀에 종이 호일을 깔고 브라우니 반죽을 갈아 주세요.

   치즈 케이크

3. 불린 캐슈넛 1컵, 레몬 즙, 물, 아가베 시럽을 고속 블렌더에 크리미하게 갈고, 중탕한 코코넛 오일을 추가해 다시 한 번 갈아요.

4. 만들어진 치즈 케이크 반죽을 브라우니 반죽 위에 부어 주세요.

   크랜베리 글레이즈

5. 고속 블렌더에 크랜베리, 아가베 시럽, 물 약간을 넣고 갈아 주세요.

   TIP 물과 시럽의 양은 취향과 농도에 따라 조절해 주세요.

6. 크랜베리 글레이즈를 치즈 케이크 반죽 위에 조금씩 뿌리고 꼬치 등으로 모양을 내세요. 기포가 빠지고 반죽 표면이 편편해지도록 틀 전체를 조리대 위에 몇 번 탁탁 쳐서 냉동실에서 3시간 이상 굳히면 완성!

생 단호박을 색다르게~
할로윈 데이 스페셜 브라우니

펌킨 브라우니

할로윈 데이 하면 떠오르는 호박 디저트는 펌킨 파이. 조금 색다르게 만들 수는 없을
까요? 기본적인 펌킨 파이를 특별하게 즐길 수 있는 방법을 소개합니다. 브라우니를
품은 펌킨 파이로 시선을 집중시켜 보세요.

재료

단호박 ¼개

반건시 3개

피칸 1컵

건무화과 ½컵

캐롭 가루 ¼컵

시나몬 파우더 약간

정향 가루 약간

너트메그 가루 약간

생강 1쪽(새끼손톱 크기)

물 약간

미리 준비할 것

• 단호박을 4등분해 씨 부분을 긁어내세요.

2   4

5   7

단호박

66kcal (100그램)/연중 출하

우리 몸을 따뜻하게 해주는 단호박은 1년 내내 쉽게 구할 수 있는 효자 재료예요. 또한 몸에 쌓인 노폐물을 제거하는 효과가 있어 부기가 있을 때 드시면 아주 좋아요.

크러스트

1. 피칸을 푸드 프로세서에 갈아 주세요.
2. 갈린 피칸에 반건시 1개와 시나몬 파우더 약간을 넣고 물을 조금씩 추가하면서 반죽이 잘 뭉쳐지게 갈아요.
3. 파운드 틀에 유산지를 깔고 피칸 반죽을 깔아 주세요.

초코 퍼지

4. 반건시 2개와 건무화과, 캐롭 가루, 시나몬을 고속 블렌더에 걸쭉하게 갈아요.
   TIP 잘 갈리지 않으면 물을 조금씩 추가하면서 갈아 주세요.
5. 크러스트 층 위로 초코 퍼지를 깔아 주세요.

펌킨 파이

6. 단호박 ¼개와 생강, 시나몬 파우더, 정향 가루, 너트메그 가루, 물을 고속 블렌더에 넣고 크리미하게 갈아 주세요.
   TIP 잘 갈리지 않으면 물을 조금 더 추가해 주세요.
7. 초코 퍼지 위로 펌킨 파이 반죽을 깔아 3시간 이상 냉동하면 완성!

동글동글 귀엽고 세련된 디저트~
입 안에 유럽이 찾아왔어요

마카롱

마카롱 코크에 한 번, 샌드 크림에 두 번 반하게 되는 사랑스러운 디저트입니다. 가볍
고 바삭한 질감에 촉촉한 크림을 품은 마카롱은 우리나라에서도 큰 인기를 끌고 있
는 프랑스 과자죠. 로푸드 마카롱은 밀가루 대신 코코넛을 사용하기 때문에 아작아
작 씹히는 질감과 담백한 맛으로 즐기실 수 있어요. 작고 귀여운 모양 덕에 선물용으
로도 인기 만점인 로푸드 마카롱을 만들어봐요.

재료

마카롱 코크

코코넛 가루 2컵

아가베 시럽 2큰술

코코넛 오일 1큰술

카카오 가루, 말차 가루, 단호박 가루

비트가루 2큰술(선택)

물 약간

캐슈 크림

캐슈넛 1컵

아가베 시럽 1큰술

물 ½컵

카카오 가루 1큰술(선택)

2   3

6   7

미리 준비할 것

• 캐슈넛을 정수된 물에 3시간 이상 불린 후
세척해 주세요.

• 코코넛 오일을 중탕해 녹여 주세요.

코코넛 오일

860kcal (100그램)

코코넛 오일은 우리 몸의 좋은 콜레스테롤은 증가시키고 나쁜 콜레스테롤은 낮추어 주어 성인병 예방 및 노화 방지에 효과적입니다. 26도 이하에서는 고체 상태가 되기 때문에 케이크 필링 등에 들어가면 다른 재료들이 잘 굳을 수 있도록 도와주는 역할을 한답니다.

Recipe

1. 코코넛 가루, 아가베 시럽, 물 약간을 푸드 프로세서에 담아 갈아 주세요.
   TIP1 시럽은 취향에 따라 가감하세요.
   TIP2 반죽 상태를 보며 물을 조금씩 추가하며 갈아 주세요.

2. 반죽에 카카오 가루, 말차 가루, 단호박 가루, 비트 가루 등 천연 가루를 추가하여 색을 내세요.

3. 계량 스푼이나 아이스크림 스쿱으로 마카롱 코크의 모양을 잡아 식품 건조기 트레이에 올려 주세요.

4. 온도를 45도로 하여 5시간 이상 건조시켜 코크 완성!
   TIP 건조 시간은 상태를 보면서 조절해 주세요.

5. 푸드 프로세시에 불린 캐슈넛과 아가베 시럽을 넣고 물을 조금씩 추가하며 갈아 캐슈 크림을 만들고,

6. 캐슈 크림에 카카오 가루를 추가해 초코 크림을 만들어 주세요.

7. 마카롱 코크 사이에 초코 크림을 발라 마무리!
   TIP 카카오 가루를 추가하지 않은 캐슈 크림을 사용하셔도 좋아요.

발그레하게 얼굴을 붉힌 너~
사랑스러운 마카롱의 새로운 매력

당근마카롱

당근 주스를 내리고 남은 당근 펄프를 버리지 말고 잘 모아 두면 다양한 로푸드 디저트 재료로 활용할 수 있어요. 코코넛 마카롱의 바삭바삭한 매력을 즐겨 봤다면 이번엔 당근으로 만든 폭신한 마카롱의 매력에 빠져 보세요. 당근 펄프가 없을 때엔 당근을 바로 잘게 다져 사용해도 만들 수 있어요.

🌾 재료

마카롱 코크

당근 펄프 또는 당근 1컵

고운 코코넛 가루 ½컵

시나몬 파우더 1작은술

아가베 시럽 2큰술

캐슈 크림

캐슈넛 1컵

아가베 시럽 1큰술

🌾 미리 준비할 것

• 캐슈넛을 정수된 물에 3시간 이상 불린 후
세척해 주세요.

1

2

3

4

5

34kcal (100그램)/9~11월

항암 효과가 있고 눈 건강
에 특히 좋아요. 껍질 부분
에 영양분이 집중되어 있으
니 잘 씻어서 먹는 것이 좋
답니다. 당근을 익히면 흡
수율은 높아져도 효소가
모두 파괴되므로, 주스로
먹는 것이 당근의 영양분
을 가장 잘 섭취할 수 있는
방법이에요.

Recipe

1. 볼에 마카롱 코크 재료를 전부 담아 버무려 주세요.
   TIP1 당근을 사용할 경우 푸드 프로세서로 잘게 다진 후 사용해 주세요.
   TIP2 아가베 시럽은 취향에 따라 가감하세요.

2. 계량 스푼이나 아이스크림 스쿱으로 반죽을 떠 마카롱 코크 모양을 잡아
   식품 건조기 트레이에 올려 주세요.

3. 온도를 45~48도로 맞추어 5시간 이상 건조시켜 주세요.
   TIP 건조 시간은 상태를 보면서 조절해 주세요.

4. 캐슈넛과 아가베 시럽 1큰술을 푸드 프로세서에 크리미하게 갈아요.

5. 마카롱 코크에 캐슈 크림을 바른 후 또 한 장의 코크로 덮어서 마무리!

좋은 재료 좋은 간식~
한 입만 먹어도 에너지가 불끈!
메밀에너지바

건강에 좋은 메밀을 이용한 메밀 에너지 바입니다. 메밀은 찬 성질을 가졌지만 싹을 틔워 먹으면 찬 성질이 중화되고 메밀의 생명력을 그대로 흡수할 수 있답니다. 원기 회복을 돕고 입맛을 돋워 주는 향긋한 메밀로 만들어 건강에 좋고, 포만감이 커 식사 대용으로도 안성맞춤인 메밀 에너지 바를 소개합니다.

재료

싹틔운 메밀 1 ½컵
고운 코코넛 가루 ¾컵
건포도 3큰술
잘 익은 바나나 1개
반건시 2개
아가베 시럽 약간
시나몬 파우더 약간
바닐라 엑기스 약간

미리 준비할 것

• 메밀은 싹을 틔운 후 식품 건조기로 건조시켜 주세요.

메밀

374kcal (100그램)/7~10월

이뇨 작용을 활발하게 하여 몸 속을 청소해 주고 부종을 제거하는 데도 효과적입니다. 차를 우려서 꾸준히 마시면 콜레스테롤 수치를 낮추고 혈당을 조절하는 데 도움이 됩니다. 고소한 맛이 좋아 그냥 먹어도 맛있지만 피자 반죽이나 크러스트를 만들 때에도 많이 사용된답니다.

1. 푸드 프로세서에 건포도, 바나나, 반건시, 시나몬. 아가베 시럽을 약간 넣고 퓨레 상태가 되도록 갈아 소스를 만들어요.
2. 볼에 메밀, 코코넛 미드와 소스를 넣고 상태를 보아 가며 물을 조금씩 첨가하면서 섞어 주세요.
   TIP 물을 첨가하면 반죽 혼합이 쉬워져요.
3. 메밀 반죽을 직사각형 모양으로 만들어 식품 건조기 트레이에 올려 주세요.
4. 식품 건조기 온도 45도에서 12시간 이상 건조해 마무리!

[PLUS RECIPE _메밀 그래놀라]
싹틔운 메밀과 각종 과일을 아몬드 밀크와 함께 시리얼처럼 즐겨 보세요. 아몬드 밀크와 메밀의 고소함과 과일의 달콤함이 잘 어우러지고, 한 그릇 먹으면 한 끼 식사로 손색이 없어요. 시나몬 파우더를 약간 뿌려 먹으면 그 풍미가 배가됩니다.

혜성같이 나타난 새로운 식재료~
슈퍼 푸드 퀴노아를 소개합니다

퀴노아 에너지 바

남아메리카 안데스 산맥에서 온 퀴노아는 단백질과 비타민, 미네랄이 다량 함유되어 있어 슈퍼 푸드라 불리는데요. 글루텐이 들어 있지 않아서 퀴노아로 만든 요리는 아토피나 비만, 소화불량에도 아주 좋아요. 이렇게 기특한 퀴노아로 에너지 바를 만들어 가지고 다니면서 건강을 챙겨 보는 건 어떨까요?

🌾 재료

발아 퀴노아 1 ½컵
고운 코코넛 가루 ¾컵
건포도 ¼컵
잘 익은 바나나 1개
반건시 2개
시나몬 파우더 1작은술
천일염 약간
물 약간

🌾 미리 준비할 것
• 퀴노아는 싹을 틔운 후 식품 건조기로 완전히 건조시켜 주세요.

퀴노아

420kcal (100그램)

지구상 3대 슈퍼 곡물 중 하나로 쌀에 비해 단백질 함유량이 2배, 칼륨 2배, 칼슘 7배, 철분은 20배 더 높습니다. 밥에 섞어 먹거나 샐러드 등으로 먹으면 포만감도 크고, 단백질 함량이 많아 다이어트 및 영양 섭취에도 효과적이랍니다.

 Recipe

1. 푸드 프로세서에 건포도, 바나나, 반건시, 시나몬 파우더, 천일염을 넣고 물을 조금씩 첨가하며 갈아 걸쭉한 소스를 만들어 주세요.
2. 싹틔운 퀴노아와 코코넛 가루, 소스를 볼에 담고 주걱으로 잘 섞어 주세요.
3. 잘 섞인 반죽을 조금씩 덜어서 바 모양을 잡아 식품 건조기 트레이에 올리고,
4. 45도 온도에서 12시간 이상 건조시키면 완성!

추운 날씨, 따뜻하게~
손잡아 주는 친구 같은 쿠키

초콜릿 커버처 시나몬 쿠키

티타임을 함께할 디저트에도 여러 종류가 있지만 초콜릿 맛 쿠키만큼 욕심나는 것도 없을 거예요. 잠깐 동안의 휴식을 더욱 행복하게 해 줄 쿠키를 소개해요.

 재료

시나몬 쿠키
아몬드 가루 1컵
캐슈 가루 1컵
고운 코코넛 가루 1컵
코코넛 플레이크 2큰술
시나몬 파우더 1작은술
천일염 약간
코코넛 오일 2큰술

초콜릿 커버처
코코넛 오일 ¼컵
카카오 가루 ¼컵
아가베 시럽 1큰술

미리 준비할 것
• 아몬드와 캐슈넛은 고속 블렌더로 갈아서 가루를 만들어 주세요.
• 코코넛 오일을 중탕으로 녹여 주세요.

1
2
3
4

시나몬 파우더

3대 향신료로 뽑히는 시나몬은 우리 몸을 따뜻하게 하여 면역력을 증진시켜 줍니다. 요리에 쓰면 단맛을 상승시키는 효과가 있으므로 다양한 요리에 활용해 보세요.

 Recipe

1. 볼에 아몬드 가루, 캐슈 가루, 코코넛 가루, 코코넛 플레이크, 시나몬 파우더, 천일염과 코코넛 오일 2큰술을 잘 섞고 물을 조금씩 첨가하면서 반죽이 하나로 뭉치도록 해 주세요.
2. 반죽을 조금씩 덜어 스틱 모양을 잡아서 식품 건조기 트레이에 올리고, 45도 온도에서 12시간 이상 건조시켜 주세요.
3. 볼에 코코넛 오일 ¼컵과 카카오 가루, 아가베 시럽을 넣어 잘 섞어 주세요.
   TIP 시럽은 취향에 따라 가감하세요.
4. 건조된 쿠키 스틱을 초콜릿 커버처로 코팅한 후 냉동실에서 30분 이상 굳혀 주면 완성!

따뜻한 차 한 잔만으론 티타임이 아쉬울 때~
곁들이기 좋은 고급스러운 샌드 쿠키

브라운 샌드위치 쿠키

입 안에서 은은하게 퍼지는 달콤한 초콜릿을 고소한 아몬드 쿠키에 끼워 먹는 색다른 디저트입니다. 바삭한 쿠키와 크리미한 초코를 함께 즐길 수 있어 바쁜 일상 속 꿀같은 티타임에 어울리는 행복 두 배, 기쁨 두 배 쿠키예요. 기분까지 업시켜 주는 브라운 샌드위치 쿠키로 행복해질 준비 되셨나요?

🌾 재료

브라운 쿠키
아몬드 가루 1컵
캐슈넛 가루 1컵
고운 코코넛 가루 1컵
코코넛 플레이크 2큰술
시나몬 파우더 1작은술
천일염 약간
코코넛 오일 2큰술
아가베 시럽 2큰술

초코 크림
코코넛 오일 ¼컵
카카오 가루 ¼컵
아가베 시럽 2큰술

🌾 미리 준비할 것
• 아몬드와 캐슈넛을 블렌더로 곱게 갈아 주세요.
• 코코넛 오일을 중탕으로 녹여 주세요.

Recipe

1. 볼에 아몬드 가루, 캐슈넛 가루, 고운 코코넛 가루, 코코넛 플레이크, 시나몬 파우더, 천일염, 아가베 시럽 2큰술, 코코넛 오일 2큰술을 담고 물을 조금씩 추가해 가며 잘 섞어서 촉촉한 반죽을 만들어 주세요.
2. 식품 건조기 트레이에 테프론 시트를 깔고 쿠키 반죽을 얇게 펴 바른 후 45도 온도에서 12시간 이상 건조시켜 주세요.
3. 중탕으로 녹인 코코넛 오일에 카카오 가루 ¼컵과 아가베 시럽 2큰술을 잘 섞어 주세요.
   TIP 시럽은 취향에 따라 가감하세요.
4. 쿠키 사이에 초코 크림을 샌드해 10분 이상 냉동해서 마무리!

크리스마스 쿠키의 클래식~
마음을 따뜻하게 어루만져 주는

진저브레드쿠키

해마다 크리스마스 시즌이면 빠짐없이 굽는 쿠키가 있다면 바로 진저브레드 쿠키일 거예요. 생강 향과 계피 향이 솔솔 나는 크리스마스의 클래식 진저브레드 쿠키! 로푸드 카페에서도 진저맨과 진저걸을 만나 보세요.

캐슈 가루 1컵
아몬드 가루 ½컵
생강 2조각(새끼손톱 크기)
코코넛 플레이크 2큰술
고운 코코넛 가루 2큰술
시나몬 파우더 ½작은술
올스파이스 가루 ½작은술
정향 가루 약간
아가베 시럽 1큰술
천일염 약간
물 약간

🌿 미리 준비할 것

• 캐슈넛과 아몬드는 고속 블렌더로 갈아 가
루로 만들어 주세요.

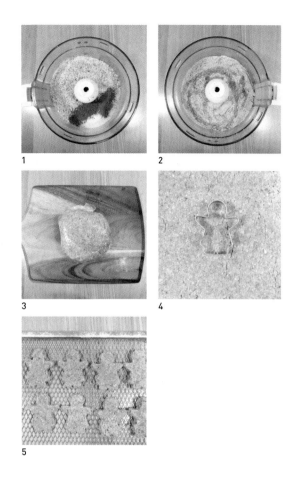

1

2

3

4

5

생강

53kcal (100그램)/8~11월

여자에게 좋은 채소 생강
은 면역력을 강화하여 잔병
치레를 막고 노화 방지 효
과가 있어요. 또한 몸을 따
뜻하게 하고 여성 질환을
예방해 줍니다. 생강을 잘
손질해서 냉동실에 보관해
두었다가 스무디나 차 마실
때 한 알씩 드셔보세요.

Recipe

1. 푸드 프로세서에 캐슈 가루, 아몬드 가루, 코코넛 플레이크, 고운 코코넛 가
루, 시나몬, 올스파이스, 정향, 천일염을 넣고 갈아요.
2. 아가베 시럽과 생강을 넣고 물을 조금씩 첨가하면서 반죽이 뭉쳐질 때까지
갈아 주세요.
3. 반죽을 랩에 김싸서 1시산 성도 냉동하세요.
4. 얼린 반죽을 살짝 녹인 후 밀대로 펴서 진저맨, 진저걸 쿠키 틀로 찍고,
5. 식품 건조기 트레이에 쿠키를 올려 45도 온도에서 12시간 이상 건조해 완성!

쌀쌀해지면 간절해지는~
할로윈데이 호박 라떼 쿠키

펌킨 스파이시 슈가 쿠키

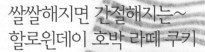

해외 카페에서 펌킨 스파이시 라떼를 맛있게 마셨던 기억이 나서 쿠키를 만들어 봤어요. 할로윈데이가 가까워지면 여기저기 장식으로도 내걸리는 노란 호박은 깜짝 놀랄 만큼 달고 구수해 맛이 좋지요. 비타민 C와 베타카로틴이 풍부하게 함유되어 있어 감기에 아주 좋은 채소랍니다. 펌킨 쿠키로 맛있게 감기 대비 하세요!

재료

아몬드 가루 ⅓컵
오트밀 가루 1컵
천일염 약간
정향 가루 ½작은술
펌킨 스파이스 1큰술
생강 가루 ½작은술
아몬드 버터 ½컵
아가베 시럽 2큰술
코코넛 오일 1큰술

미리 준비할 것

• 아몬드와 오트밀을 고속 블렌더로 갈아 고운 가루로 만들어 주세요.
• 코코넛 오일을 중탕으로 녹여 주세요.
• 36쪽 아몬드 버터를 준비해 주세요.

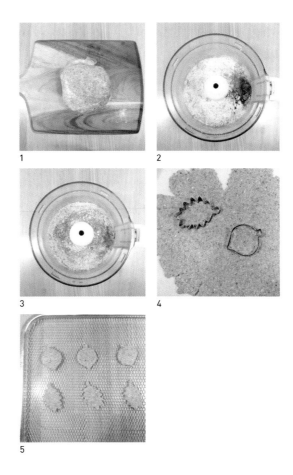

1
2
3
4
5

정향

384kcal (100그램)/연중 출하
계피와 비슷한 정향나무의 꽃봉오리로 자극적이지만 달콤한 향신료에요. 로푸드 쿠키를 만들 때 포인트로 쓰기도 하지만 피클을 만들 때 몇 알씩 넣어주면 독특한 향을 내는 인기 재료입니다.

1. 푸드 프로세서에 아몬드 가루, 오트밀 가루, 천일염, 정향 가루, 펌킨 스파이스, 생강 가루를 넣고 갈아 섞어요.
2. 아몬드 버터, 아가베 시럽, 코코넛 오일을 넣고 반죽이 잘 뭉쳐질 수 있도록 물을 조금씩 추가하며 갈아 주세요.
3. 쿠키 반죽을 랩에 싸서 1시간 냉동시킨 후,
4. 살짝 녹인 쿠키 반죽을 밀대로 밀어 펴서 쿠키 틀로 찍고,
5. 식품 건조기 트레이에 올려 45도 온도에서 12시간 동안 건조시켜 주세요.
   TIP 건조 시간은 쿠키의 건조 상태에 따라 가감하세요.

뉴욕 타임스에 소개된 그 요리~
완벽 그 자체인 초코칩 쿠키

뉴욕 타임스 초코칩 쿠키

뉴욕 타임스 지면에서 '퍼펙트 쿠키'라고 극찬을 받은 저온 숙성 초코 칩 쿠키를 소개할게요. 원래 72시간 냉장고에서 숙성시켜야 하는 뉴욕 타임스 초코칩 쿠키는 일명 '기다림의 연속' 쿠키였지요. 여기서는 훨씬 짧은 시간 안에 만들 수 있는 로푸드로 만나 보세요.

 재료
캐슈넛 2컵
다크 초콜릿(카카오 함량 75퍼센트 이상)
⅓ 컵
아가베 시럽 2큰술
천일염 약간
물 약간

미리 준비할 것
•캐슈넛은 정수된 물에 3시간 이상 불린 후 식품 건조기로 건조시켜 주세요.

1 2
3 4

1. 푸드 프로세서에 캐슈넛을 넣고 갈아 주세요.
2. 아가베 시럽, 천일염을 넣고 물을 조금씩 첨가하며 다시 한 번 갈아 주세요.
   TIP 시럽은 취향에 따라 가감하고, 물을 조금씩 첨가하며 반죽이 뭉쳐질 수 있도록 소설해 주세요.
3. 다진 다크 초콜릿을 주걱으로 반죽에 섞어 넣어요.
   TIP 다크 초콜릿은 칼로 직접 다져서 넣어 주세요. 푸드 프로세서에 갈 때 함께 갈면 캐슈넛과 섞여서 색이 지저분해져요.
4. 반죽을 조금씩 덜어 아이스크림 스쿱 등을 이용해서 동그란 모양을 만들고, 냉동실에서 30분 정도 굳히면 완성!

은은한 헤이즐넛 향~
커피 대신 쿠키로 마셔요

헤이즐넛 초코칩 쿠키

초코칩 쿠키에 헤이즐넛 향을 더하면 풍미가 한층 깊어집니다. 예상 그대로의 초코칩 쿠키가 지겨워질 때 고소함과 부드러움이 가득한 헤이즐넛 초코칩 쿠키를 만들어 보세요. 그냥 먹어도 맛있지만 아몬드 밀크와 함께 먹으면 두 배로 맛있답니다.

 재료

캐슈넛 1컵
아몬드 1컵
다크 초콜릿(카카오 함량 75퍼센트 이상) ⅓ 컵
헤이즐넛 가루 ½큰술
아가베 시럽 2큰술
천일염 약간
물 약간

 미리 준비할 것

• 캐슈넛을 정수된 물에 3시간 이상 불린 후 식품 건조기로 건조시켜 주세요.
• 아몬드를 정수된 물에 12시간 이상 불린 후 식품 건조기로 건조시켜 주세요.

1

2

3

4

1. 푸드 프로세서에 캐슈넛과 아몬드를 넣고 갈아 주세요.
2. 아가베 시럽, 헤이즐넛 가루, 천일염을 넣고 물을 조금씩 첨가하며 다시 한 번 갈아 주세요.
   TIP 시럽은 취향에 따라 가감하고, 물을 조금씩 첨가하며 반죽이 뭉쳐질 수 있도록 소설해 주세요.
3. 다진 다크 초콜릿을 반죽에 주걱으로 섞어 주세요.
   TIP 다크 초콜릿은 칼로 직접 다져서 넣어 주세요. 푸드 프로세서에 함께 갈면 섞여서 색이 지저분해져요.
4. 반죽을 조금씩 덜어 아이스크림 스쿱 등을 이용해서 동그란 모양을 만들고 냉동실에서 30분 정도 굳히면 완성!

인기 1위 카페 쿠키와 함께~
마음 가득 가을 충전

오트밀 레이즌 쿠키

카페나 제과점에서 친숙해진 오트밀 레이즌 쿠키도 로푸드로 더 맛있게 만들 수 있어
요. 천연 자양강장제 마카 파우더도 함께 들어가 지칠 때 한 입씩 먹으면 힘이 불끈불
끈 솟는 쿠키랍니다. 커피와 함께하면 한층 즐겁지요.

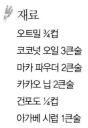 재료

   오트밀 ¾컵

   코코넛 오일 3큰술

   마카 파우더 2큰술

   카카오 닙 2큰술

   건포도 ¼컵

   아가베 시럽 1큰술

미리 준비할 것

  • 오트밀은 물에 30분 이상 불려 주세요.

1   2

3   4

5

1. 물에 불린 오트밀을 푸드 프로세서로 갈아 주세요.
2. 코코넛 오일, 마카 파우더, 아가베 시럽을 넣고 다시 갈아 주고,
3. 반죽을 볼에 담아 카카오 닙, 건포도를 잘 섞어 넣어요.
4. 식품 건조기 트레이에 테프론 시트를 깔고 둥근 틀을 이용해 반죽의 모양을 잡아 주고,
5. 45도 온노에서 8시간 이상 건조시켜 마무리!

아몬드 빼빼로

11월 11일 빼빼로데이. 언제 시작되었는지 초콜릿을 코팅한 길쭉한 과자를 친구나 연인과 주고받는 날이 되었죠. 저 역시 어린 시절 친구들과 우정과 사랑의 빼빼로를 주고받은 기억이 많았답니다. 더 날씬하고 건강한 로푸드 빼빼로를 선물해 보는 건 어떨까요?

재료

아몬드 2큰술

아몬드 펄프 1컵

아마 씨 가루 1큰술

천일염 약간

생간장 2작은술

아가베 시럽 1작은술

물 약간

코코넛 오일 ½컵

카카오 가루 2큰술

아가베 시럽 4큰술

미리 준비할 것

• 아몬드를 정수된 물에 12시간 이상 불린 후 건조시켜 주세요.

• 아마 씨를 고속 블렌더로 갈아 가루로 만들어 주세요.

• 코코넛 오일을 중탕으로 녹여 주세요.

• 24쪽 아몬드 펄프를 준비해 주세요.

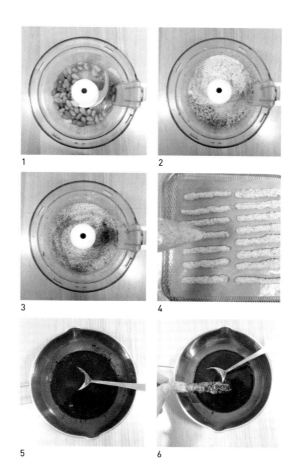

1. 푸드 프로세서에 아몬드를 넣고 곱게 갈아 주세요.

2. 아몬드 펄프, 아마 씨 가루, 천일염을 넣고 한 번 더 갈고,

3. 생간장, 아가베 시럽, 물을 넣어 걸쭉하게 갈아 주세요.

4. 식품 건조기 트레이에 테프론 시트를 깔고 반죽을 짜주머니에 넣어 기 막대 모양으로 짜낸 디음 45도 온도에서 8시간 이상 건조시켜 주세요.

5. 볼에 코코넛 오일, 카카오 가루, 아가베 시럽을 잘 섞어 초콜릿 시럽을 만들어요.

6. 건조시킨 막대과자에 초콜릿 시럽을 바른 다음 냉장고에서 30분 이상 굳혀 주면 완성!

커피의 향을 은은히 품은~
비스킷의 부드러움과 바삭함

커피 비스킷

따로 커피를 곁들일 필요가 없는 비스킷. 커피 향이 솔솔 나는 커피 비스킷입니다. 한 입 베어 물면 바삭바삭하고 은은한 커피 향에 쌉싸름하게 카카오 향이 함께 퍼져요. 집안 가득 커피향이 퍼지면 다들 기분 좋아지시죠? 오븐 없이 만드는 커피 비스킷에 도전해 보세요.

재료

아몬드 가루 1컵

캐슈 가루 ½컵

코코넛 가루 3큰술

카카오 가루 2큰술

시나몬 파우더 ½작은술

천일염 약간

아가베 시럽 1큰술

더치커피 ½컵

카카오 닙 약간(토핑용)

미리 준비할 것

• 아몬드와 캐슈넛은 고속 블렌더로 갈아 가루로 만들어 주세요.

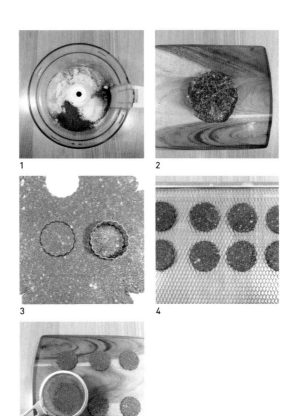

더치 커피

네덜란드 상인들이 인도네시아의 커피를 운반해 가면서 오랫동안 커피를 보관해 마실 방법을 생각해 낸 것이 더치 커피의 유래라고 합니다. 상온의 생수를 한 방울씩 떨어뜨려 추출하는 방식으로, 뜨거운 커피보다 카페인이 적게 녹아 나와서 로푸드 요리를 할 때 부담 없이 사용하실 수 있어요.

Recipe

1. 푸드 프로세서에 아몬드와 캐슈 가루, 코코넛 가루, 카카오 가루, 시나몬 파우더, 천일염, 아가베 시럽, 더치 커피를 넣고 갈아서 쿠키 반죽을 만들어 주세요.

    더치 커피는 한번에 넣지 말고 조금씩 첨가하며 반죽이 잘 뭉쳐질 수 있도록 조절해 주세요.

2. 쿠키 반죽을 랩에 감싼 후 1시간 이상 냉동하고,

3. 냉동된 쿠키 반죽을 살짝 녹인 후 밀대로 펴서 쿠키 커터로 찍어 주세요.

4. 식품 건조기 트레이에 올려 45도 온도에서 12시간 이상 건조시킨 후,

5. 카카오 가루를 뿌리면 완성!

동그랗게 뭉쳐진 눈뭉치일까요~
동심을 불러일으키는 겨울 간식

스노 도넛 홀

폭신폭신한 코코넛 가루와 초코의 만남. 첫눈을 닮은 스노 도넛 홀은 먹기도 편하고 모양도 예뻐 아이들도 좋아하는 메뉴입니다. 동글동글한 코코넛 볼에 눈을 닮은 새하얀 코코넛 가루를 듬뿍 뿌리며 따뜻한 겨울을 보내 보세요.

재료

굵은 코코넛 가루 1컵
고운 코코넛 가루 ⅔컵
카카오 가루 ½컵
아가베 시럽 2큰술
물 약간

토핑
고운 코코넛 가루 ⅛컵

코코넛 가루

코코넛의 과육을 건조시켜 가루로 만든 코코넛 가루는 입자 크기에 따라 고운 코코넛 가루, 굵은 코코넛 가루, 코코넛 분말, 코코넛 플레이크 등의 이름으로 불립니다. 메뉴에 어울리는 식감을 낼 수 있는 재료로 잘 선택해서 사용해 보세요.

1. 고운 코코넛 가루 ⅔컵과 카카오 가루를 푸드 프로세서에 넣고 갈아 주세요.
2. 굵은 코코넛 가루와 아가베 시럽을 더해 갈아 주세요.
   TIP1 굵은 코코넛 가루를 처음부터 넣으면 다 갈려서 비식바식한 식감이 없어져요.
   TIP2 시럽은 취향에 따라 가감하고, 물을 조금씩 추가하면서 반죽의 질기를 조절해 주세요.
3. 반죽을 덜어 꾹꾹 눌러 볼을 만들고 토핑용 고운 코코넛 가루 위에 굴려 주고,
4. 식품 건조기 트레이에 볼을 올리고 45도 온도로 2시간 건조시키고 마무리!

이유 없이 찾아오는 가짜 배고픔~
에너지 볼로 철벽 수비 하세요

아몬드 크랜베리 에너지 볼

한가한 오후, 밥을 먹었는데도 금방 허기가 지는 날에는 부담 없이 먹고 에너지를 보충할 수 있는 아몬드 크랜베리 에너지 볼을 추천합니다. 굽고 튀겨서 만든 기름진 과자보다는 가볍게 로푸드로 즐겨보세요.

 재료
아몬드 1 ½컵
건크랜베리 3큰술
아가베 시럽 1큰술
물 약간

미리 준비할 것
• 아몬드를 정수된 물에 12시간 이상 불린 후 식품 건조기로 건조시켜 주세요.

1

2

건크랜베리

450kcal (100그램)
단맛보다 신맛이 강한 건 크랜베리는 시력 개선, 노화 방지 효과, 항암 효과 등이 있지만 시중에 나와 있는 제품은 대부분 당절임 된 상태이므로 사용하기 전 물에 10분 정도 담갔다가 헹구어 사용해 주세요.

Recipe

1. 푸드 프로세서에 아몬드, 크랜베리, 아가베 시럽을 잘 뭉칠 수 있도록 갈아 주세요.
   TIP 시럽은 취향에 따라 가감하고, 물을 조금씩 추가하며 반죽이 잘 뭉칠 수 있도록 조절해 주세요.
2. 반죽을 조금씩 덜어 볼을 만들어 주면 완성!

큰 도넛이 망설여질 때~
한 입에 쏙, 귀여운 먼치킨

코코넛 먼치킨

도넛 체인에서 자주 볼 수 있었던 귀여운 먼치킨입니다. 큰 도넛이 부담될 때 따뜻한 커피와 가볍게 한 입 할 수 있는 주전부리라 인기가 많은 메뉴입니다. 코코넛 먼치킨과 함께 티타임을 더욱 더 가치 있게 만들어 보세요.

재료

고운 코코넛 가루 1컵
건포도 2큰술
반건시 1개
건살구 1개
천일염 약간
물 약간

토핑
고운 코코넛 가루 ½컵

1

2

3

반건시

237kcal (100그램)

우는 아이도 울음을 그친다는 곶감 중 반건시는 로푸드에서 많이 쓰이는 재료입니다. 달콤한 맛으로 요리의 풍미를 더해 주기도 하지만 쫀득쫀득한 끈기가 있어 재료를 잘 엉기게 해 주는 역할을 합니다. 색깔 예쁜 제품보다는 무유황 처리된 못난이 곶감을 추천드립니다.

Recipe

1. 푸드 프로세서에 고운 코코넛 가루, 건포도, 반건시, 건살구, 천일염을 넣고 물을 조금씩 추가하며 반죽이 잘 뭉치게 갈아 주세요.
2. 빈죽을 조금씩 덜어서 볼을 만들어 주고,
3. 토핑용 고운 코코넛 가루 위에 코코넛 볼을 굴려서 마무리!

호두는 항상 옳아요~
로푸드 기본 먼치킨 2호

월넛 먼치킨

도넛 가게에서 만나볼 수 있었던 먼치킨 2호 버전입니다. 코코넛 먼치킨이 부드러운 디저트였다면 월넛 먼치킨은 오도독 씹히는 식감이 매력적인 간식입니다. 서로 다른 매력에 빠져 보세요.

🌿 재료

호두 ¼컵
건무화과 2개
반건시 2개
건포도 2큰술
생강 1톨 (새끼손톱 크기)
시나몬 파우더 ½큰술
레몬 즙 2큰술
물 약간

🌿 미리 준비할 것

• 호두를 정수된 물에 4시간 이상 불려서 세척한 후 식품 건조기로 건조시켜 주세요.

1

2

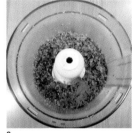
3

말린 과일

건포도, 건무화과, 반건시 등의 말린 과일은 각각 특유의 달콤함으로 요리를 더 풍성하게 만들어 주는데요. 과일의 수분을 날려 건조시키면 당분과 각종 영양소가 농축되기도 하고 보관 또한 용이해집니다. 그리고 베이킹에서 달걀과 같이 재료를 뭉쳐 주는 역할도 하여 로푸드 요리에서는 빠질 수 없는 재료입니다.

Recipe

1. 호두를 푸드 프로세서로 갈아 줍니다.
2. 건무화과, 반건시, 건포도, 생강, 시나몬 파우더, 레몬 즙을 넣고 물을 조금씩 추가하며 반죽이 잘 뭉칠 수 있도록 갈아 주세요.
3. 반죽을 조금씩 덜어 동그랗게 만들어 주세요.

사탕을 닮았지만 사탕은 아니에요~
간편하고 재미있는 핑거 푸드 디저트

모카 트러플 팝스

연말에 어울리는 귀여운 디저트 모카 트러플 팝스를 소개합니다. 파티에서는 맛도 중요하지만 비주얼도 갖춰 주면서 간편하게 먹을 수 있는 핑거 푸드가 꼭 필요하죠. 커피의 향이 은은히 퍼지면서 지친 마음까지 치료해 주는 디저트입니다.

1   2

 재료

반건시 1개
오트밀 ¼컵
코코넛 오일 ¼컵
더치커피 ½컵

토핑
고운 코코넛 가루 ¼컵

 미리 준비할 것
• 코코넛 오일을 중탕으로 녹여 주세요.

오트밀

372kcal (100그램)

오트밀은 단단해서 먹기 어려운 귀리를 소화가 잘 될 수 있게 납작하게 눌러 가공한 것입니다. 칼로리가 낮아 다이어트에 좋을 뿐 아니라 성인병 예방, 빈혈 예방, 변비 예방 등의 효과가 있지요. 쿠키나 빵으로 맛있게 하는 오트밀 다이어트에 도전하세요.

Recipe

1. 푸드 프로세서에 모든 재료를 담고 갈아 주세요.
2. 반죽을 덜어 동그란 모양으로 만들고 토핑용 코코넛 가루 위에 굴려 마무리!

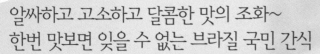

알싸하고 고소하고 달콤한 맛의 조화~
한번 맛보면 잊을 수 없는 브라질 국민 간식

스파이시 피스타치오
브리가데이로

한국에서는 그 이름도 생소하지만 브라질의 파티에서 빠질 수 없는 디저트 브리
데가이로는 연유, 버터, 카카오로 만든 작은 초콜릿 볼이에요. 카카오 버터를 기
반으로 한 브리가데이로에 고소한 피스타치오를 더해 누구나 먹어 보면 그 맛에
반할 로푸드 브리가데이로를 만들어 볼게요.

🌾 재료

스파이시 피스타치오
피스타치오 ¾컵
고수 가루 1작은술
커민 가루 ½작은술
시나몬 파우더 ¼작은술
생강 가루 ¼작은술
카이엔 페퍼 ¼작은술
아가베 시럽 1큰술
천일염 약간

브리가데이로
카카오 버터 1컵
카카오 가루 ½컵
아가베 시럽 1큰술
천일염 약간

3

4

5

6

🌾 미리 준비할 것

• 피스타치오는 정수된 물에 2시간 이상 불린 후 세척합니다.

피스타치오

586kcal (100그램)/9~10월
한 알 입에 넣으면 그 독특한 맛과 고소함에 반하고 마는 초록빛 견과류 피스타치오는 골다공증을 예방해 주고 성장기 어린이들에게도 좋은데요. 맛도 좋고 색이 예뻐 로푸드 메뉴의 토핑용으로 많이 사용된답니다.

Recipe

스파이시 피스타치오

1. 피스타치오를 볼에 담고 고수, 커민, 시나몬 파우더, 카이엔 페퍼, 아가베 시럽, 천일염을 넣어 잘 버무려 주세요.

2. 식품 건조기 트레이에 테프론 시트를 깔고 스파이시 피스타치오를 올린 후 45도 온도에서 10시간 이상 건조시켜 주세요.

3. 건조된 스파이시 피스타치오를 칼로 잘게 다져 주세요.
   TIP 푸드 프로세서로 다지기보다 직접 칼로 다지면 식감이 더 좋아요

브리가데이로

4. 카카오 버터를 중탕으로 녹여 주세요.

5. 중탕으로 녹인 카카오 버터에 카카오 가루, 아가베 시럽, 천일염을 잘 섞어 3시간 이상 냉동시켜 주세요.

6. 계량 스푼이나 아이스크림 스쿱을 이용해 브리가데이로 반죽을 조금씩 덜어 볼을 만들고 다진 스파이시 피스타치오 위에 굴려서 마무리!

말하지 않아도 아는 맛~
눈만 마주쳐도 통하는 마음
초코파이

눈빛만 봐도 정을 느낄 수 있는 초코 파이를 로푸드 카페에서 만나보세요. 두 개의 원형 비스킷 사이에 마시멜로를 바르고 접착시킨 우리나라 대표 과자인 초코 파이는 부드럽고 달콤한 맛으로 온 국민의 마음을 사로잡았지만 마시멜로의 엄청난 칼로리를 생각하면 힘들어지죠. 로푸드 홈카페에서 잊지 못할 그 맛을 재현합니다.

🌾 재료

초코 파이

호두 3컵
카카오 가루 3큰술
캐롭 가루 3큰술
아가베 시럽 2큰술
천일염 약간
물 약간

마시멜로
캐슈넛 1컵
아가베 시럽 2큰술
코코넛 오일 1/2컵
천일염 약간
물 1/2컵

🌾 미리 준비할 것

- 호두는 정수된 물이 4시간 이상 불린 후 식품 건조기로 건조시켜 주세요.
- 캐슈넛은 정수된 물에 3시간 이상 불린 후 세척해 주세요.
- 코코넛 오일은 중탕으로 녹여 주세요.

1

2

3

4

5

7

캐롭 가루

캐롭은 콩과에 속하는 열매로 카카오와 비슷한 맛을 내요. 초콜릿을 좋아하지만 카카오 가루 알러지가 있거나 카페인이 부담스러운 분들은 캐롭 가루 사용을 추천 드려요. 카페인이 없기 때문에 아이들 간식이나 반려동물 간식을 만들 때도 유용하답니다.

1. 호두를 푸드 프로세서로 갈아 주세요.
2. 카카오 가루, 캐롭 가루, 아가베 시럽, 천일염을 넣고 물을 조금씩 첨가하면서 반죽이 뭉칠 수 있도록 갈아 주세요.
   TIP 시럽은 취향에 따라 가감하고, 물을 조금씩 첨가하면서 반죽의 질기를 조절해 주세요.
3. 무스 틀에 초코 파이 반죽의 절반을 깔이 준 후 냉동실에서 20분 이상 냉동해 주세요.
4. 고속 블렌더에 마시멜로 재료를 모두 넣고 크리미하게 갈아 주고,
5. 무스 틀의 초코 파이 위에 마시멜로 층을 깔고 1시간 이상 냉동한 후,
6. 남은 초코 파이 반죽을 위에 부어 20분 이상 냉동합니다.
7. 냉동된 초코 파이를 살짝 해동해 동그란 쿠키 틀로 찍어내면 로푸드 초코 파이 완성!

캐러멜의 향으로 고소함이 두 배~
만나보지 못했던 양파의 새 얼굴

캐러멜어니언 크래커

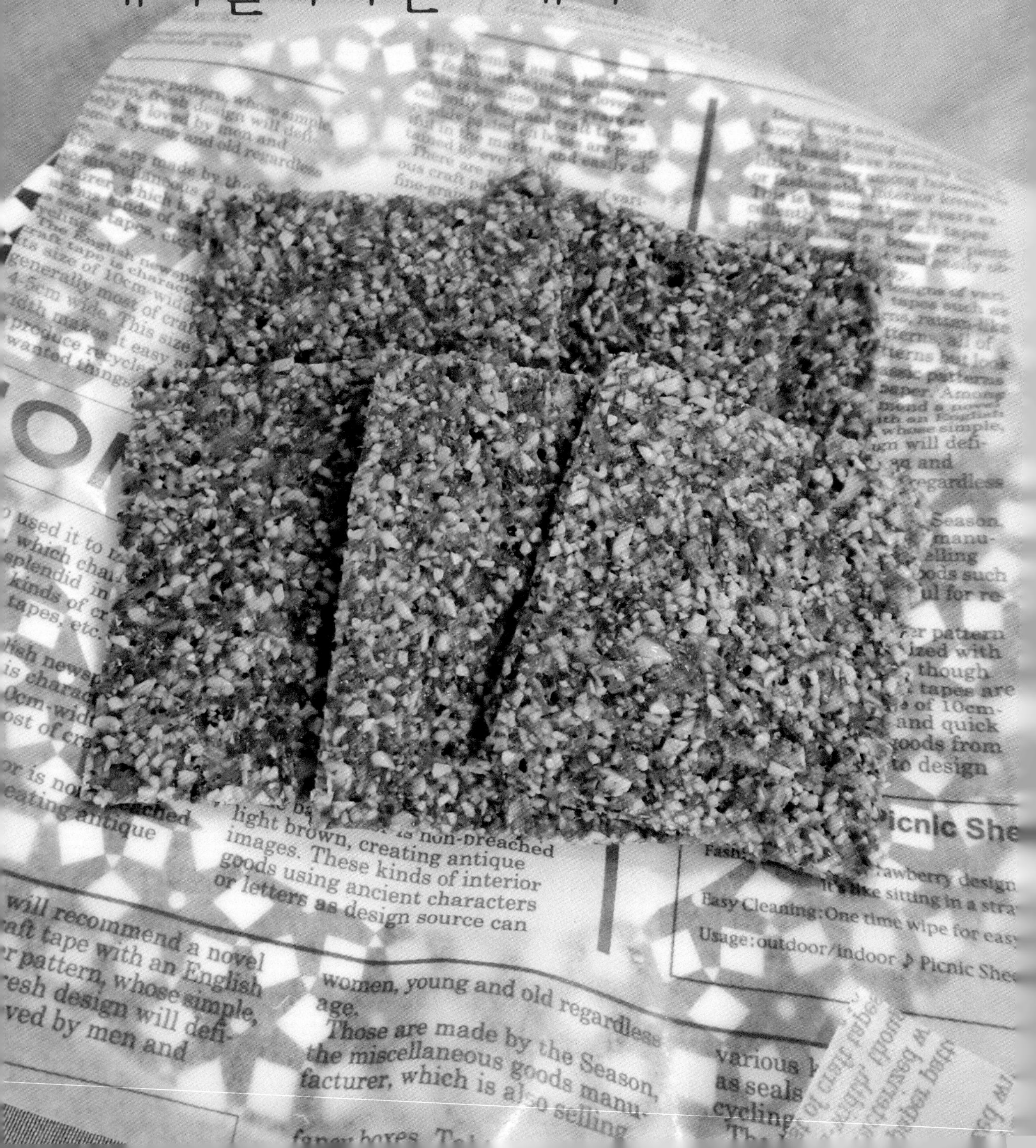

캐러멜 향이 은은하게 풍기는 어니언 쿠키. 한국인들이 좋아하는 간편한 향신채 양파에는 매운맛이 있지만, 매운맛을 날리고 나면 기분 좋은 단맛이 남아요. 양파는 카페 디저트와 별로 연관성이 없을 것 같지만 양파의 달콤함을 잘 활용하면 고소한 쿠키를 더 매혹적으로 만들 수 있답니다.

 재료

해바라기 씨 1컵
아마 씨 가루 1컵
올리브유 3큰술
캐러멜 어니언 절임 2컵

 미리 준비할 것

• 해바라기 씨를 정수된 물에 8시간 이상 불린 후 세척해 주세요.
• 아마 씨를 고속 블렌더로 갈아 가루로 만들어 주세요.
• 49쪽 캐러멜 어니언 절임을 준비해 주세요.

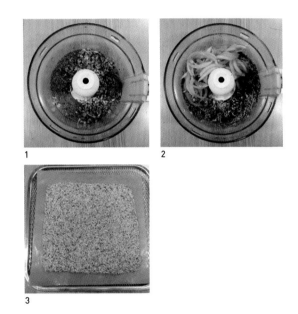

1. 푸드 프로세서에 물에 불린 해바라기 씨, 아마 씨 가루을 넣고 잘게 갈아 주세요.
2. 올리브유, 캐러멜 어니언 절임을 넣고 잘 갈아 주세요.
3. 식품 건조기 트레이에 테프론 시트를 깔고 쿠키 반죽을 얇게 펴 바른 후 12시간 이상 건조시켜 마무리!

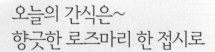

오늘의 간식은~
향긋한 로즈마리 한 접시로

로즈마리 크래커

고소한 견과류와 로즈마리가 어우러진 크래커입니다. 직접 키운 로즈마리로 초간단
쿠키를 만들어 보세요. 전혀 안 어울릴 듯한데 뜻밖에 어울리는 조합! 집중력에 좋고
피부를 곱게 해 주는 로즈마리의 향이 입 안 가득 향긋하게 퍼질 거예요.

재료

아몬드 펄프 2컵

건크랜베리 1컵

호두 ½컵

해바라기 씨 ½컵

아마 씨 가루 ¼컵

치아 씨 2큰술

천일염 약간

애플사이다 식초 1큰술

아가베 시럽 3큰술

로즈마리 잎 2큰술

미리 준비할 것

• 24쪽 아몬드 펄프를 준비해 주세요.

• 호두는 정수된 물에 4시간 이상 불려서 세척한 후 식품 건조기로 건조시켜 주세요.

• 해바라기 씨는 정수된 물에 8시간 이상 불려서 세척한 후 식품 건조기로 건조시켜 주세요.

• 고속 블렌더로 아마 씨를 갈아서 가루로 만들어 주세요.

☀해바라기 씨

611kcal (100그램)/9–10월

어렸을 때 해바라기 씨가 들어간 초콜릿 많이 드셨어요? 고소한 해바라기 씨는 머리카락에 윤기를 주고 피부도 건강하게 해주어 미용에 아주 좋은 식품이에요. 물에 불려 샐러드에 넣어 먹거나 로푸드 디저트 재료에 섞어서 즐겨 보세요.

Recipe

1. 건크랜베리를 잘게 다져요.

2. 푸드 프로세서에 먼저 호두를 갈고, 해바라기 씨를 넣어 다시 갈아요.

3. 치아 씨, 아마 씨 가루, 천일염을 추가하여 또 갈아 주고,

4. 아몬드 펄프, 애플사이다 식초, 아가베 시럽, 로즈마리 잎을 추가하여 반죽이 잘 섞일 수 있도록 갈아 주세요.

   TIP 시럽은 취향에 따라 가감하세요.

5. 볼에 크래커 반죽과 다진 건크랜베리를 담고 물을 조금씩 추가하면서 잘 섞어 주세요.

   TIP 물을 추가하면서 촉촉하게 잘 섞어 반죽하세요.

6. 식품 건소기 트레이에 테프론 시트를 깔고 반죽을 얇게 펴 발라 주세요.

7. 식품 건조기 온도를 45도로 맞춰 12시간 건조 후 테프론 시트를 제거하고 다시 3시간 이상 건조해 마무리.

특유의 강렬함과 매콤한 맛을 살린~
멕시칸 아마 씨 크래커

생명의 씨앗이라고도 하는 슈퍼 푸드 아마 씨는 오메가3 및 식이섬유 함량이 높아 몸에 좋아요. 고소한 맛이 매력적이지만 아마 씨만 먹었을 때는 조금 느끼할 수도 있지요. 하지만 아마 씨에 한국인이 좋아하는 청양고추를 더하면 매콤한 멕시칸 스타일 로푸드도 만들 수 있답니다.

🌿 재료

아마 씨 1 ½컵
청양고추 2개
아마 씨 가루 ½컵
물 약간
천일염 약간

🌿 미리 준비할 것

• 아마 씨 2컵을 정수된 물에 6시간 이상 불린 후 식품 건조기로 건조시켜 주세요.
• 건조한 아마 씨 중에서 ½컵을 고속 블렌더로 갈아 가루로 만들어 주세요.

1

2

3

•아마 씨

고대부터 사랑을 받은 작물 아마 씨는 맛도 고소하지만 각종 여성질환 개선, 당뇨병 예방, 장 운동 촉진 등의 효과가 있는 고마운 슈퍼 푸드입니다. 영양 밀도도 뛰어나지만 물을 만나면 재료를 잘 뭉쳐 주는 역할을 해서 로푸드 쿠키며 각종 반죽 등을 만들 때 유용하게 사용됩니다.

Recipe

1. 볼에 아마 씨 1 ½컵과 다진 청양고추, 아마 씨 가루, 천일염을 넣고 물을 조금씩 첨가하며 잘 섞어서 찐득한 반죽을 만드세요. 30분 정도 실온에서 휴지시켜 주세요.
   TIP 휴지 과정을 거치면서 반죽이 더 잘 엉기게 됩니다.
2. 식품 건조기 트레이에 테프론 시트를 깔고 반죽을 얇게 펴 발라 주세요.
3. 식품 건조기 온도를 45도로 맞추고 12시간 이상 건조시켜 마무리!

무릉도원의 복숭아를~
칩으로 만드는 법

피치 치아 칩

피치 치아 칩은 복숭아와 치아 씨를 조화시켜 만들어요. 재료는 간단
하지만 중독성 강한 디저트입니다.

재료

복숭아 3컵
아가베 시럽 1큰술
치아 씨 ½컵
물 약간

1
2
3
4

복숭아

34kcal (100그램)/6–8월

발그레한 복숭아는 수확
기간이 짧아 1년 중 먹을
수 있는 시기가 길지 않아
요. 그래서 더욱 더 인기 있
는 제철 과일이지요. 얼굴
빛을 좋게 하여 미인을 만
들어 준다는 과일 복숭아
는 혈액 순환을 원활히하
는 데 도움을 주며 간과 신
장의 해독 작용을 도와줍
니다.

Recipe

1. 치아 씨를 고속 블렌더로 곱게 갈아 주세요.
2. 복숭아를 고속 블렌더에 넣어 크리미하게 갈아 주세요.
   TIP 잘 갈리지 않으면 물을 조금씩 추가해서 갈아 주세요.
3. 볼에 복숭아, 치아 씨 가루, 아가베 시럽을 넣어 잘 섞고,
4. 식품 건조기 트레이에 테프론 시트를 깔고 반죽을 얇게 펴 발라서 45도 온
   도에서 10시간 이상 건조시키면 완성!

복숭아의 힘을 믿어요~
간단한 레시피의 세련된 맛

피치 월넛 슬라이스 파이

밀가루, 설탕 없이 복숭아만으로도 맛과 비주얼이 보장되는 파이를 간단하게 만들 수
있어요. 친구가 놀러왔을 때 따뜻한 차 한 잔과 함께 피치 월넛 슬라이스 파이를 내
보세요. 느낌 좋은 카페 분위기로 뽐낼 수 있어요.

재료

복숭아 1개
아가베 시럽 2큰술
시나몬 파우더 ⅓작은술
다진 호두 ⅓ 컵

미리 준비할 것

• 미리 불려 건조한 호두를 푸드 프로세서로
  다져 주세요.

1

2

3

4

5

1. 채칼을 이용하여 복숭아를 얇게 썰어요.
2. 볼에 아가베 시럽, 시나몬 파우더를 잘 섞어 주고,
3. 얇게 썬 복숭아에 혼합한 시럽을 버무려 주세요.
4. 식품 건조기 트레이에 테프론 시트를 깔고, 복숭아를 올리고 다진 호두로 토핑해 45도 온두에서
   10시간 이상 건조시킨 후
5. 파이를 겹쳐 쌓아 완성!

쌉싸름한 매력~ 부드러운 식감의

말차립파이

녹차를 곱게 간 말차는 일본인들이 오래전부터 즐겨 왔어요. 보통 뜨거운 물을 붓고 잘 저어 마시는데, 아이스티나 스무디로 즐기기도 합니다. 일반적으로 마시는 녹차와 원료는 같지만 말차는 성분을 우려내어 마실 뿐 아니라 아예 잎 전체를 갈아서 통째로 섭취하기에 더 높은 영양을 흡수할 수 있어요. 찻잎을 닮은 립파이로 말차의 효능을 느껴 보세요.

🌿 재료

아몬드 가루 1컵
캐슈넛 가루 1컵
고운 코코넛 가루 ⅓ 컵
천일염 약간
말차 가루 1작은술
아가베 시럽 1큰술

🌿 미리 준비할 것
• 아몬드와 캐슈넛을 고속 블렌더로 갈아 가루로 만들어 주세요.

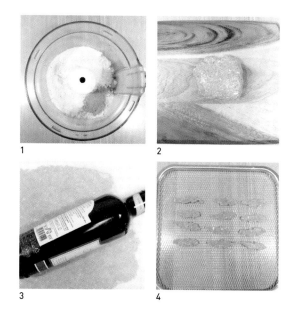

Recipe

1. 갈아낸 아몬드, 캐슈넛을 푸드 프로세서로 옮기고 고운 코코넛 가루, 천일염, 말차, 아가베 시럽을 넣어 잘 섞이도록 돌려 주세요.
2. 반죽을 랩에 감싸서 1시간 이상 냉동시켜 주세요.
   TIP 이렇게 하면 반죽이 쫀득해져서 쿠키 모양을 내는 데 도움이 된답니다.
3. 냉동된 반죽을 살짝 녹인 후 랩을 제거하고, 종이 호일을 덮은 후 밀대나 유리병으로 밀어 얇게 펼쳐 주세요.
4. 나뭇잎 모양 쿠키 틀로 반죽을 찍어 식품 건조기 트레이에 올리고 45도에서 12시간 이상 건조시켜 마무리!
   TIP 건조 시간은 쿠키의 건조 상태에 따라 조절해 주세요.

멕시코에서 유래한~
간단하고 대중적인 무비 스낵

칠리 나초

영화를 보면서 즐길 수 있는 주전부리로 인기 있는 나초 칩! 영화관에서뿐 아니라 홈파티에서도, 간단한 맥주 안주로도 환영받는 스낵인데요. 고소한 치즈와 매콤한 맛을 더한 나초를 이젠 로푸드로 더 맛있고 건강하게 즐겨 보세요.

🌿 재료

생옥수수알 4컵, 캐슈넛 2컵
영양 효모 1큰술, 칠리 가루 ½큰술
천일염 약간, 마늘 1쪽
다진 대파 1큰술, 레몬 즙 1큰술
물 ½컵, 아마 씨 가루 ½컵

🌿 미리 준비할 것

• 생옥수수를 물에 1시간 이상 불린 후 칼을 이용하여 옥수수의 알만 잘라냅니다.
• 캐슈넛은 정수된 물에 3시간 이상 불린 후 세척해 주세요.
• 아마 씨는 고속 블렌더로 갈아 가루로 만들어 주세요.

1 2 3 4

옥수수

106kcal (100그램)/7~9월

우리 곁에 너무 흔한 음식이라 그 가치가 저평가된 옥수수는 피부 보습력 향상, 누하 예방, 부종 예방에 도움을 줄 뿐 아니라 체내의 노폐물을 배출시키고 눈 건강을 지켜 주는 등 엄청나게 많은 효능이 있어요. 맛있고 영양가 높은 옥수수로 건강해지세요.

Recipe

1. 고속 블렌더에 옥수수알 3컵과 캐슈넛, 영양 효모, 칠리 가루, 천일염, 마늘, 대파, 레몬 즙, 물을 모두 넣어 크리미하게 갈아 주세요.
2. 볼에 반죽을 담고 옥수수알 1컵과 아마 씨 가루를 넣어 주걱으로 섞어요.
3. 식품 건조기 트레이에 테프론 시트를 깔고 반죽을 얇게 펴 발라.
4. 45도 온도에서 20시간 이상 건조시킨 후 삼각형으로 잘라 주어 마무리!

영화 볼 때 팝콘은 너무 흔해요~
감성파 무비 스낵으로 즐거운 시간

무비 스낵 :미니양배추팝콘과애플칩

영화관에서 쉽게 즐길 수 있는 팝콘, 나초 등은 고소하고 바삭한 맛으로 우리의 입맛을 단숨에 사로잡았지만 트랜스지방 함유량이 높아 자주 섭취하면 우리 몸에 큰 부담이 될 수 있어요. 양배추와 사과로 만들어 부담없는 로푸드 무비스낵으로 가볍고 활기차게 즐겨 볼게요.

🌾 재료

미니양배추 2줌
올리브유 ¼큰술
생간장 2큰술
천일염 약간
사과 1개

미니•양배추

45kcal (100그램)/9–3월

양배추 미니미처럼 귀엽고 앙증맞은 미니양배추는 사실 양배추가 아니랍니다. 브뤼셀 스프라우트가 본명이에요. 일반 양배추보다도 영양가가 풍부한 미니양배추는 식감이 부드럽고 고소해 겉잎을 잘라내면 과일처럼 먹어도 좋아요. 작지만 강한 미니 야채로 다양하게 요리해 보세요.

1. 미니양배추는 칼로 썰어 한 겹 한 겹 분리해 준 후 깨끗하게 씻어 물기를 빼세요. 올리브유, 생간장, 천일염을 뿌리고 손으로 조물조물 절여 주세요.
2. 식품 건조기 트레이에 겹치지 않게 깔고 온도를 45도로 맞춘 후 8시간 이상 건조하면 미니양배추 칩 완성!
   TIP 건조 시간은 건조 상태를 보면서 가감해 주세요.
3. 사과는 씨를 제거하고 채칼로 얇게 슬라이스하세요.
4. 식품 건조기 트레이에 사과 슬라이스를 겹치지 않게 깔고 온도를 45도로 맞춘 후 8시간 이상 건조하면 애플 칩 완성!

케일이 쓰기만 하다고?
그건 편견일 뿐이야!
미소 달콤 케일 칩

잎이 넓고 구멍이 숭숭 뚫려 못생긴 녹즙용 케일은 쌈채소 케일보다 쓴 맛이 강하고 잎이 두꺼워 맛없는 채소로 생각되기 쉽지만, 다양한 소스와 함께라면 매력적인 주전부리로 재탄생한답니다. 일본 미소 된장은 한국 된장과 달리 열을 쓰지 않고 만드는 생된장이에요. 미소 된장 소스를 바른 달콤한 케일 칩을 만들어 볼게요.

재료

녹즙용 케일 5장
미소 된장 2큰술
레몬 즙 2큰술
아가베 시럽 1큰술
애플사이다 식초 2큰술
캐슈넛 2컵
양파 1/8개
후추 1작은술
물 ½컵

1
2
3
4

•애플사•l다 식초

사과를 압착해 짠 즙을 발효시켜서 만든 애플사이다 식초는 콜레스테롤을 낮추어 주고 비만 및 변비 예방에 효과가 있어 헐리우드 배우들의 클렌징 비법으로 화제가 되었죠. 그 외에도 몸의 산성, 알칼리성 균형을 조절하고 혈액 순환을 촉진하며 소화를 돕는 효과가 있어요. 상큼한 맛으로 로푸드에서도 많이 활용되는 재료입니다.

Recipe

1. 녹즙용 케일을 깨끗이 씻어 줄기를 제거하고 한 입 크기로 잘라 물기를 제거해 주세요.
   TIP 칼로 자르기보다 손으로 뚝뚝 뜯어 놓으면 시간이 더 좋아요.
2. 고속 블렌더에 미소 된장, 레몬 즙, 아가베 시럽, 애플사이다 식초, 캐슈넛, 양파, 후추를 넣고 물을 추가하며 갈아서 크리미한 소스를 만들어 주세요.
3. 케일에 소스를 버무리고,
4. 식품 건조기 트레이에 올려 45도 온도에서 20시간 이상 건조시켜서 마무리!

한국인의 힘~
매운 맛이 그리워질 때
매콤 케일 칩

카페 디저트를 먹다 보면 맛있긴 해도 너무 달콤한 메뉴들이 많아 가끔은 한국의 맛이 그리워지기도 해요. 매콤한 고춧가루와 마늘이 들어간 매콤 케일 칩은 그런 생각이 들 때 가장 적합한 간식이랍니다.

 재료

녹즙용 케일 5장
해바라기 씨 ½컵
파프리카 ¼개
셀러리 1줄기
레몬 즙 1큰술
다진 마늘 ½작은술
고춧가루 1꼬집
참깨 1큰술
천일염 약간
영양 효모 1큰술
물 약간

미리 준비할 것
• 해바라기 씨는 정수된 물에 8시간 이상 불려 주세요.

1
2
3
4

케일

16kcal (100그램)/7~8월
뼈와 위장의 건강을 지켜주고 빈혈에도 좋은 케일은 병충해가 심해 재배시에 농약을 많이 씁니다. 그래서 작고 예쁘게 생긴 쌈용 케일보다 크고 구멍 뚫린 못생긴 녹즙용 케일을 추천합니다. 못생겼지만 건강한 유기농 케일 드시고 건강해지세요!

 Recipe

1. 케일은 깨끗이 씻어 줄기를 제거하고 한 입 크기로 잘라 물기를 제거해 주세요.
2. 고속 블렌더에 해바라기 씨, 파프리카, 셀러리, 레몬 즙, 다진 마늘, 고춧가루, 참깨, 천일염을 넣고 물을 조금씩 추가하며 갈아 크리미한 소스를 만들어 주세요.
3. 케일을 소스에 버무리고,
4. 식품 건조기 트레이에 케일을 올리고 영양 효모를 뿌린 후 45도 온도에서 20시간 이상 건조해 마무리!
   TIP 영양 효모가 들어가면 치즈와 비슷한 발효 향이 나 이탈리아 요리 느낌을 낼 수 있어요.

마늘이 고소함을 더해~
한층 깊어지고 풍부해진 맛

갈릭 케일 칩

매콤 케일 칩에 이어 또 하나, 한국인의 입맛을 사로잡기에 부족함 없는 케일 칩입니다. 한국인이 좋아하는 마늘을 듬뿍 넣어 고소한 맛을 내 봤어요. 이름만 들어도 맛있을 것 같죠?

재료

녹즙용 케일 5장
해바라기 씨 1 ½컵
레몬 즙 2큰술
아가베 시럽 1큰술
영양 효모 2큰술
다진 마늘 5큰술
천일염 약간
물 ½컵

미리 준비할 것

• 해바라기 씨는 정수된 물에 8시간 이상 불려 주세요.

1

2

3

4

마늘

120kcal (100그램)/3~5월

한국 음식에 빠질 수 있는 마늘은 세계 10대 푸드로 세계에서 인정한 건강식품이에요. 마늘을 먹으면 몸이 따뜻해지고 페니실린보다 강한 살균 작용으로 우리 몸을 깨끗하게 할 수 있도록 도와주지요. 한국인의 힘 마늘! 로푸드 재료로도 많이 활용해 보세요.

1. 케일은 깨끗이 씻어 줄기를 제거하고 한 입 크기로 잘라 물기를 제거해 주세요.
2. 고속 블렌더에 해바라기 씨, 레몬 즙, 아가베 시럽, 영양 효모, 다진 마늘, 천일염을 넣고 물을 추가하며 곱게 갈아 크리미한 소스를 만들어 주세요.
3. 케일을 소스에 버무리고
4. 식품 건조기 트레이에 올려 45도 온도에서 20시간 이상 건조해 마무리!
   TIP 생마늘이 부담스럽다면 갈릭 파우더를 이용하셔도 좋아요.

감기를 물리치는 생강~
뿌리의 에너지를 모아서

진저 케일 칩

차로 많이 마시는 생강은 몸을 따뜻하게 해주고 혈중 콜레스테롤을 낮추는 역할을 해 몸이 찬 여성들에게 정말 좋은 재료예요. 오묘한 생강 향으로 자꾸 손이 가는 진저 케일 칩으로 즐거운 휴식을 누리며 면역력도 업그레이드하세요.

🌾 재료

녹즙용 케일 5장
캐슈넛 1컵
대추야자 ½컵
아가베 시럽 2큰술
시나몬 파우더 1작은술
생강 가루 ½작은술
정향 가루 ¼작은술
너트메그 가루 ¼작은술
천일염 약간
물 ½컵

🌾 미리 준비할 것

• 캐슈넛을 정수된 물에 3시간 이상 불린 후 세척해 주세요.

1
2
3
4

너트메그

육두구라고도 부르는 너트메그는 너트메그 나무 씨를 말려 것인데 매콤하면서도 달콤한 향이 나는 향신료예요. 감자의 아린 맛을 없애 주는 역할을 해서 다양한 로푸드 감자 요리에 활용된답니다.

Recipe

1. 케일은 깨끗이 씻어 줄기를 제거하고 한 입 크기로 잘라 물기를 제거해 주세요.
2. 고속 블렌더에 캐슈넛과 씨를 뺀 대추야자, 아가베 시럽, 시나몬, 생상 가루, 정향 가루, 너트메그 가루, 천일염을 넣고 물을 추가하며 갈아서 진저 소스를 만들어 주세요.
3. 케일을 소스에 버무리고,
4. 식품 건조기 트레이에 올려 45도 온도에서 20시간 이상 건조시켜 마무리!

끝이 없는 케일 칩의 세계~
이탈리아의 향기를 담은
이탈리안케일칩

소스만 잘 선택해 주면 케일 칩의 세계는 끝이 없어요. 이번에는 토마토 소스와 허브를 이용하여 이탈리아 맛이 물씬 나는 케일 칩입니다. 느끼한 피자나 파스타가 생각날 때 대신 이탈리안 케일 칩으로 우아하게 향취를 즐겨 보세요.

🌿 재료

녹즙용 케일 5장
방울토마토 5개
토마토 가루 3큰술
마늘 1큰술
칠리페퍼 ¼작은술
이탈리안 시즈닝 2큰술
레몬 즙 1큰술
영양 효모 6큰술

1

2

3

토마토

14kcal (100그램)/7~9월

토마토는 맛만 좋은 것이 아니라 풍부한 영양에 비해 칼로리가 낮아 다이어트에 효과적이죠. 체내 콜레스테롤을 낮춰 주는 효과도 있어요. 방울토마토는 일반 토마토보다 당도가 높기 때문에 로푸드 요리에서 쓰면 좋아요.

Recipe

1. 케일은 깨끗이 씻어 줄기를 제거하고 한 입 크기로 잘라 물기를 제거해 주세요.

2. 고속 블렌더에 방울토마토, 마늘, 칠리페퍼, 이탈리안 시즈닝, 레몬 즙, 영양 효모, 토마토 가루를 모두 넣어 곱게 갈아 주세요.
   TIP 토마토 가루는 한 번에 넣지 말고 조금씩 추가하며 소스 농도를 맞춰 주세요.

3. 케일을 토마토 소스에 버무려 식품 건조기 트레이에 올린 후 영양 효모를 골고루 뿌려 주고 45도에서 20시간 이상 건조시키면 완성!

튀기지 않고도 이렇게 맛있다니~
믿을 수 없는 햇양파 스낵

스파이시 어니언 링

주전부리로, 맥주 안주로 누구에게나 사랑받는 어니언 링에 매운 맛을 더해 로푸드 스파이시 어니언 링을 만들어 봤어요. 간단하지만 입맛을 돋우기에 손색없는 메뉴입니다.

🌿 재료

양파 1개
아마 씨 가루 ½컵
칠리 파우더 2큰술
커민 가루 1작은술
카이엔 페퍼 ½작은술
천일염 약간
아가베 시럽 2큰술

1

2

3

🌿 미리 준비할 것

• 양파는 채칼로 얇게 썰어 찬물에 잠깐 담가 매운 맛을 뺀 후 물기를 제거해 주세요.
• 아마 씨는 고속 블렌더로 갈아 가루로 만들어 주세요.

커민

커민은 중동 지역 원산의 향신료입니다. 톡 쏘는 맛과 쓴맛이 있어 한국인들에겐 다소 거부감이 느껴질 수도 있지만 소화불량에 효과가 있고 요리에 조금씩 넣어 주면 독특한 맛을 내어 식욕 증진에 도움이 된답니다.

Recipe

1. 볼에 슬라이스한 양파를 담고 아가베 시럽을 꼼꼼히 발라 주세요.
2. 아마 씨 가루, 칠리 파우더, 커민 가루, 카이엔 페퍼, 천일염을 한데 섞어 양파에 꼼꼼히 코딩해 주세요.
3. 식품 건조기 트레이에 양파 링을 올려 12시간 이상 건조시켜 주세요.
   TIP 건조 상태에 따라 시간을 조절하세요.

바삭바삭 달콤달콤~
양파의 변신은 무죄

크리스피 슈스트링 어니언

양파 하나로도 다양한 메뉴가 나올 수 있어요. 구두끈을 닮은 얇은 양파 슬라이스를 재미있게 즐길 수 있는 스낵입니다. 입맛이 없을 때, 짭조름한 주전부리 생각이 날 때 가득 버무려서 만들면 한 입 두 입 금방 없어질 거예요.

 재료

양파 1개
생간장 3큰술
아가베 시럽 2큰술

1

2

양파

35kcal (100그램)/7~9월
화끈한 맛으로 피로 회복
과 신경안정 효과가 있고
불면증을 개선해 주며 또
다이어트에도 한몫 하는
양파는 매콤하면서도 달콤
한 맛으로 로푸드에서도 다
양하게 활용됩니다. 양파
가 너무 매울 땐 채 썰어 찬
물에 잠시 담갔다 사용하
면 매운 맛이 많이 덜해집
니다.

 Recipe

1. 채칼을 이용해 얇게 자른 양파를 볼에 담고 생간장, 아가베 시럽을 버무려 주세요.
2. 식품 건조기 트레이에 테프론 시트를 깔고 버무린 양파를 올려 45노에서 8시간 이상 건조해 완성!

리얼 카카오 초콜릿·생 다크 초콜릿·아몬드 초콜릿·파베 초콜릿·스트로베리 캔디·레몬 코코넛 캔디

발렌타인 캔디·화이트 초콜릿·민트 크런치 초콜릿 바·오렌지 버터 바·페퍼민트 초코 바

Chapter 03

초콜릿과 캔디

피로가 몰려오는 오후,
활력을 찾아 주는 진한 로푸드 초콜릿과
시원하고 상큼한 캔디를 만나 보세요.

50퍼센트나 70퍼센트로 충분하지 않아요~
99퍼센트 리얼 카카오의 맛

리얼 카카오 초콜릿

마트에 가면 카카오 56퍼센트나 72퍼센트짜리 다크 초콜릿을 만나볼 수 있는데요. 그 정도로는 성에 차지 않을 때 로푸드 리얼 카카오 초콜릿을 만들어 보세요. 시럽을 제외한 모든 성분이 카카오로 만들어진 진짜 다크 초콜릿이 지쳐가는 일상의 활력소가 되어 줄 거예요.

재료

카카오 버터 ½컵
카카오 가루 ⅓ 컵
아가베 시럽 3큰술

1

2

3

카카오 버터

카카오 열매의 핵에서 뽑아내는 지방으로, 카카오의 풍미를 가진 담황색 고체입니다. 로푸드 초콜릿의 베이스로 많이 활용됩니다.

Recipe

1. 물기를 완전 제거한 볼에 카카오 버터를 담아 중탕으로 녹여 주세요.
   TIP 카카오 버터에 수분이 들어가면 쓸 수 없게 됩니다. 꼭 물기를 완전히 제거한 볼을 사용해 주세요.

2. 카카오 버터가 완전히 녹으면 키카오 가루와 아가베 시럽을 넣어 섞어 주세요.
   TIP1 보이는 것과 달리 카카오 가루는 잘 섞이지 않으니 완전히 섞이도록 충분히 저어 주세요.
   TIP2 시럽은 취향에 따라 가감하지만 초콜릿을 냉동시키면 당도가 떨어지므로 원하는 정도보다 조금 더 달게 조절해 주세요.

3. 잘 섞인 초콜릿을 초콜릿 몰드에 담아 1시간 이상 냉동해 완성!
   TIP 로푸드 초콜릿은 실온에서는 녹기 때문에 먹기 직전에 냉동실에서 꺼내세요.

활력을 불러일으키는 맛~
순수에 가장 가까운 초콜릿

생 다크 초콜릿

졸음이 밀려올 때 정신을 번쩍 차리게 만들어 주는 착한 초콜릿을 알려 드릴게요. 순수에 가장 가까운 맛, 생 다크 초콜릿입니다. 초콜릿 하면 카카오만 떠올리기 쉽지만, 코코넛 오일로도 진한 다크 초콜릿을 만들 수 있어요.

 재료

코코넛 오일 ½컵
카카오 가루 ⅓ 컵
아가베 시럽 3~4큰술
천일염 약간

 미리 준비할 것
• 코코넛 오일을 중탕으로 녹여 주세요.

1

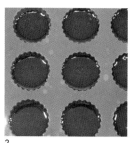
2

1. 코코넛 오일, 카카오 가루, 아가베 시럽, 천일염을 볼에 잘 섞어 주세요.

   TIP1 쉽게 섞이지 않으니 충분히 오랫동안 섞어 주세요.
   TIP2 시럽은 취향에 따라 가감하되, 온도가 낮아지면 당도가 내려가는 점을 감안하여 평소 입맛보다 조금 더 달게 조절해 주세요.
   TIP3 모든 도구에 물기를 완전하게 제거한 후 시작하세요.

2. 몰드에 초콜릿을 담은 후 1시간 이상 냉동해 마무리!

달콤함 속에 숨은 고소함~
행복은 한 알의 아몬드 초콜릿이에요

아몬드초콜릿

생 다크 초콜릿에 아몬드 버터 필링을 더한 아몬드 초콜릿은 달콤함에 고소함까지 함께해 거부할 수 없는 매력으로 다가와요. 단점은 너무 맛있어서 손이 계속 간다는 것! 아몬드 초콜릿은 달콤 고소하니까 달콤한 음료보다는 쌉싸름한 홍차나 아메리카노가 어울리겠죠?

 재료

생 다크 초콜릿 1컵
아몬드 버터 ½컵

 미리 준비할 것

• 139쪽 생 다크 초콜릿과 40쪽 아몬드 버터를 준비해 주세요.

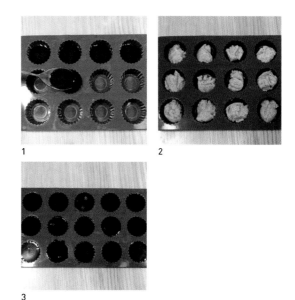

1

2

3

Recipe

1. 초콜릿 몰드에 생 다크 초콜릿을 반쯤 채워 냉동실에서 10분 정도 굳힙니다.
2. 살짝 굳은 생 다크 초콜릿 위에 아몬드 버터를 채우고,
3. 그 위로 다시 생 다크 초콜릿을 부은 후 냉동실에서 1시간 이상 굳혀 마무리!

어느새 사르르 녹아~
입 안을 감싸는 진한 카카오 풍미

생초콜릿

파베는 프랑스어로 벽돌이라는 뜻이래요. 이름 그대로 벽돌을 닮은 부드러운 생 초콜릿 파베 초콜릿은 프랑스에서 처음 만들어졌지요. 겉과 속이 모두 말랑말랑한 세련된 모양과 맛으로 평범한 날도 로맨틱하게 만들어 주는 마성의 초콜릿이랍니다.

🌾 재료

캐슈넛 1컵
아가베 시럽 ¼컵
카카오 가루 3큰술
토핑용 카카오 가루, 녹차 가루 약간

🌾 미리 준비할 것
• 캐슈넛을 정수된 물에 3시간 이상 불린 후
식품 건조기로 건조시켜 주세요.

1

2

3

1. 고속 블렌더의 물기를 완전하게 제거하고, 준비된 캐슈넛을 곱게 갈아서 완전히 가루로 만들어 주세요.
   TIP 캐슈넛은 최대한 곱게 갈아 주세요. 입자가 고울수록 맛있게 만들어져요.
2. 푸드 프로세서에 곱게 간 캐슈넛, 아가베 시럽, 카카오 가루를 넣고 물을 조금 추가하며 갈아 주세요.
   TIP 시럽은 취향에 따라 가감하고, 반죽이 잘 뭉쳐지게 물의 양을 조절해 주세요.
3. 반죽을 벽돌 모양으로 예쁘게 뭉쳐 주고 취향에 따라 카카오 가루, 녹차 가루를 골고루 묻힌 후 냉동실에서 15분 정도 굳혀 완성!

크리스마스에 딱 맞는~
예쁘고 새콤달콤한 디저트
스트로베리 캔디

코코넛과 딸기가 한데 만나 색다른 맛을 선사합니다. 보기만 해도 너무 예쁜 시원한 디저트, 달콤함과 함께 오는 청량감을 스트로베리 캔디로 느껴 보세요.

 재료

코코넛 오일 ½컵
딸기 8~10개
레몬 즙 1작은술
천일염 약간

미리 준비할 것
• 코코넛 오일을 중탕으로 녹여 주세요.
• 레몬을 반으로 잘라 즙을 내 주세요.

1

2

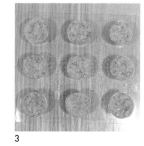
3

딸기

27kcal (100그램)/1~5월
피로 회복에 좋은 딸기는 멜라닌 색소의 피부 침착을 막아 기미, 주근깨 예방에 도움을 준답니다. 피부 저항력을 높여 주어 알레르기, 홍조, 여드름을 예방하는 효과도 있어요. 상큼한 딸기 많이 드시고 예뻐지세요!

Recipe

1. 딸기를 푸드 프로세서에 넣어 물을 조금씩 추가하며 완전히 갈아 주세요.
2. 코코넛 오일을 넣고 함께 갈아요.
3. 몰드에 캔디 반죽을 담아 냉동시켜 마무리!

지루함을 한 방에 날려 주는 새콤함~
레몬의 향기가 달콤해진 아이스 캔디

레몬 코코넛 캔디

괜히 몸이 나른해서 상큼한 레모네이드 한 잔 생각나는 날. 간단하게 즐길 수 있는 시원한 캔디입니다. 냉동실에 가득 만들어 두고 한 알씩 상큼하게 즐겨 보세요. 정신이 번쩍, 활력이 빵빵, 피로가 확 날아갈 거예요.

🌿 재료

코코넛 오일 ½컵
레몬 즙 1큰술
아가베 시럽 1큰술
울금 약간 (없어도 됨)
고운 코코넛 가루 1큰술

🌿 미리 준비할 것

• 코코넛 오일은 중탕으로 녹여 준비해 주세요.

1

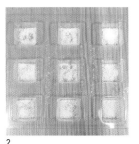

2

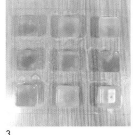

3

1. 볼에 코코넛 오일, 레몬 즙, 아가베 시럽, 울금을 함께 잘 섞어요.

    TIP1 캔디를 냉동시키면 당도가 떨어져요. 시럽 양은 평소 입맛보다 조금 더 달게 조절해 주세요.
    TIP2 울금은 레몬 캔디의 색깔을 내기 위한 것이라 없으면 넣지 않아도 됩니다.

2. 몰드에 고운 코코넛 가루를 뿌리고,

3. 캔디 재료를 부어서 10분 이상 냉동해 마무리!

귀여운 모양으로 만들어 봐요~
마음을 전하는 색색의 막대 캔디

발렌타인 캔디

발렌타인 데이는 러블리한 날인 만큼 달콤한 디저트가 필요하죠. 천
연 재료만으로 만든 로푸드 발렌타인 캔디로 러블리한 하루를 만들
어 보세요. 사랑하는 마음만큼 두근두근 설레는 맛으로 태어난 깜찍
한 캔디랍니다.

재료
코코넛 버터 1컵
비트 즙 1큰술
카카오 가루 1큰술
아가베 시럽 약간 (없어도 됨)

1

2

3

1. 코코넛 버터를 중탕으로 녹여 주세요.
2. 중탕한 코코넛 버터를 세 몫으로 나누고, 그중 하나에는 비트 즙을 섞고 다른 하나에는 카카오
   가루를 섞어 세 가지 색의 캔디 반죽을 만들어요.
   TIP 코코넛 버터는 단맛이 있기 때문에 아가베 시럽을 생략해도 좋지만, 달콤한 맛을 원하면 적당히 가감해 넣어
   주세요.
3. 캔디 몰드에 중탕으로 녹인 캔디 반죽을 담고 스틱을 고정시켜 1시간 이상 냉동해서 마무리!

149

초콜릿은 까만색? 화이트 초콜릿 매니아들 주목!

|트 초콜릿

초콜릿 하면 짙은 갈색을 떠올리지요. 대부분의 로푸드 초콜릿도 거무스름하답니다. 하지만 코코넛 버터를 손에 넣을 수 있다면 화이트 초콜릿도 얼마든지 만들 수 있어요. 좀 더 특별한 날을 위해, 코코넛 버터와 카카오 닙이 들어간 로푸드 화이트 초콜릿 어떠신가요?

🌿 재료
코코넛 버터 ½컵, 카카오 닙 1큰술, 아가베 시럽 1큰술

🌿 미리 준비할 것
• 코코넛 버터를 중탕으로 녹여 주세요.

1. 볼에 중탕으로 녹인 코코넛 버터, 카카오 닙, 아가베 시럽을 넣고 잘 섞어 주세요.
2. 몰드에 초콜릿 반죽을 담아 1시간 이상 냉동시켜 주세요.

봄날의 민트 활용법 첫 번째~

민트크런치 초콜릿 바

계속 먹고 싶은 달콤한 초콜릿, 하지만 입에 넣을 때마다 이러면 안 되는데 하고 망설였지요. 거리낌 없이 즐길 수 있는 상쾌하고 고급스러운 민트 초콜릿을 권해 드려요. 입 안에 사르르 녹는 초콜릿에서 청량감 있는 민트 향이 확 퍼져 나와 한 개만 먹어도 만족감이 가득하답니다.

🌿 재료

코코넛 버터 ½컵, 카카오 가루 2큰술, 카카오 닙 2큰술, 민트 익스트랙트 1작은술
아가베 시럽 2큰술, 천일염 약간

모든 재료를 잘 섞어 몰드에 붓고 1시간 이상 냉동시켜 완성!
TIP 소금이 들어가면 맛이 더욱 달콤하게 느껴진답니다.

목 아플 때 먹어도 좋아요~
리치한 맛으로 돌아온 오렌지
오렌지 버터바

새콤새콤 오렌지는 비타민 C가 풍부하여 감기 예방에 좋고 피부 미용에도 그만이에요. 그냥 먹어도 맛있는 오렌지지만 그 상큼함이 코코넛의 부드러움을 만나면 또 다른 맛으로 한 차원 높아져 감동을 줍니다.

 재료

코코넛 버터 ½컵
오렌지 1개(즙으로 ½컵)

미리 준비할 것

• 코코넛 버터를 중탕으로 녹여 주세요.
• 오렌지는 반으로 잘라 즙을 내 주세요.

1

2

오렌지

40kcal (100그램)/6~10월

오렌지에는 식이섬유가 풍부해 변비를 예방하고, 엽산이 많이 들어 있어 빈혈 예방에도 효과적이에요. 또한 비타민이 면역력을 강화시켜 감기나 잔병치레를 막아 준답니다. 시판 오렌지 주스는 가열해 만드는 것이 대부분이에요. 직접 과일로 섭취하거나 집에서 과즙을 짜서 만든 오렌지 주스가 더욱 좋습니다.

Recipe

1. 볼에 중탕한 코코넛 버터와 오렌지 즙을 잘 섞어서,
2. 몰드에 담아 1시간 이상 냉동시키면 완성!

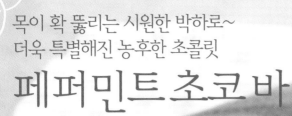

목이 확 뚫리는 시원한 박하로~
더욱 특별해진 농후한 초콜릿

페퍼민트 초코바

달콤한 초콜릿 사이로 은은하게 퍼지는 페퍼민트의 시원함이 더해진 초코 바입니다. 페퍼민트는 민트의 상쾌한 맛이 매우 강력하기 때문에 치약에도 많이 들어 있어요. 깨끗한 향이 구취를 제거해 주지요. 집중력을 향상시키고 졸음을 쫓아 주어 겨울에 차로 마시면 아주 좋은 식물이에요. 초콜릿과 궁합이 잘 맞는 시원한 페퍼민트 향에 한번 중독되면 헤어나기 힘들답니다.

 재료
　코코넛 오일 1컵
　코코넛 밀크 ¼컵(통조림 제품)
　카카오 가루 ¼컵
　고운 코코넛 가루 ¼컵
　페퍼민트 익스트랙트 1작은술
　아가베 시럽 2큰술
　천일염 약간

1　　2

 미리 준비할 것
・코코넛 오일을 중탕으로 녹여 주세요.

1. 볼에 중탕으로 녹인 코코넛 오일, 코코넛 밀크, 카카오 가루, 고운 코코넛 가루, 페퍼민트 익스트랙트, 아가베 시럽, 천일염을 잘 섞어요.
2. 초콜릿 몰드에 담아 냉동실에서 1시간 이상 굳혀 주면 완성!

초코 타르트·레몬 치즈 타르트·스트로베리 레어치즈 타르트·청포도 타르트·자몽 타르트

천도복숭아 플라워 타르트·코코넛 초코 타르트·바나나 크림 파이·아몬드 펄프 타르트

애플 파이·망고 라임 파이·피치 코블러

Chapter 04

파이와 타르트

오븐에 굽지 않아도
먹음직스러운 파이를 만들 수 있어요.
고소한 견과류와 달콤한 과일의
환상 조합을 느껴 보세요.

바나나가 녹아 있어~
부드럽고 따뜻한 맛

초코 타르트

카페 디저트로 많이 만나본 예쁘고 사랑스러운 타르트. 아메리카노와도 완전 잘 어울리는 디저트지요. 로푸드 초코 타르트를 맛보시면 바나나를 품은 초코의 매력에 푹 빠지고 말아요.

🌿 재료 • 미니 타르트 틀 1개 분량

크러스트
아몬드 ¾컵
반건시 ½개
아가베 시럽 1큰술
천일염 약간
물 약간

초코 필링
바나나 1개
카카오 가루 2큰술
시럽 1큰술
물 약간

🌿 미리 준비할 것
• 아몬드를 정수된 물에 12시간 이상 불린
  후 식품 건조기로 건조시켜 주세요.
• 캐슈넛을 정수된 물에 3시간 이상 불려 주
  세요.

1

2

3

4

5

크러스트

1. 푸드 프로세서에 아몬드를 분쇄해요.

2. 분쇄된 아몬드에 반건시, 아가베 시럽, 천일염을 넣고 물을 조금 추가해 반죽이 잘 뭉쳐질 수 있
   도록 갈아 주세요.

3. 타르트 틀에 크러스트 반죽을 깔아 주세요.

   초코 필링

4. 푸드 프로세서에 바나나, 카카오 가루, 아가베 시럽을 넣고 물을 약간씩 첨가하면서 크리미하게
   갈아 주세요.

   TIP 바나나가 많이 익어서 충분히 달콤하면 시럽은 생략해도 좋아요.

5. 초코 필링을 크러스트 위에 가지런히 얹어서 3시간 이상 냉동시키면 완성!

내 입에 상큼한 자극~
눈으로 먼저 즐기는

레몬 치즈 타르트

가끔씩은 새콤달콤한 디저트가 생각나죠. 더운 날 풍부한 비타민으로 지친 몸과
마음에 에너지를 보충해 주고 입맛도 돌아오게 해 주는 메뉴, 레몬의 상큼함을
가득 담은 레몬 치즈 타르트입니다. 유제품 치즈를 쓰지 않고도 맛있게 만들어
져요!

🌿 재료 •미니 타르트 틀 1개 분량

크러스트
아몬드 ¾컵
반건시 ½개
아가베 시럽 1큰술
천일염 약간
물 약간

레몬 필링
캐슈넛 1컵
레몬 ½개
아가베 시럽 1큰술
코코넛 오일 1큰술
영양 효모 ⅓큰술
물 ¼컵

🌿 미리 준비할 것

• 아몬드를 정수된 물에 12시간 이상 불린 후 식품 건조기로 건조시켜 주세요.

• 캐슈넛을 정수된 물에 3시간 이상 불려 주세요.

• 코코넛 오일을 중탕으로 녹여 주세요.

레몬

31kcal (100그램)/7~10월

레몬은 체내에 쌓여 있는 노폐물을 배출해 주고 비타민 C가 풍부하게 함유되어 있어 피로회복에 효과적입니다. 피로가 몰려오는 날 시원한 레몬수 한 잔으로 목을 축여 보세요.

크러스트

1. 푸드 프로세서에 아몬드를 분쇄한 후 반건시, 아가베 시럽 1큰술, 천일염을 넣고 물을 조금 추가하며 반죽이 잘 뭉쳐질 수 있도록 다시 갈아 주세요.

2. 타르트 틀에 크러스트 반죽을 깔아 주세요.

레몬 필링

3. 레몬 ½개의 즙을 내 주세요.

4. 고속 블렌더에 물에 불린 캐슈넛, 레몬 즙, 아가베 시럽 1큰술, 영양 효모를 넣고 물을 조금씩 첨가하면서 크리미하게 간 다음, 코코넛 오일을 넣고 다시 한 번 갈아 주세요.

   TIP 코코넛 오일은 온도가 내려가면 굳어서 필링에 잘 섞이기 힘들어요. 다른 재료를 간 후 마지막에 따로 추가해 갈아 주세요.

5. 타르트 크러스트 위에 필링을 붓고 3시간 이상 냉동시켜 주세요.

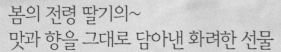

봄의 전령 딸기의~
맛과 향을 그대로 담아낸 화려한 선물

스트로베리 레어치즈 타르트

비타민 C가 풍부하여 항산화 작용이 뛰어난 딸기는 봄소식을 전하는 반가운 과일입니다. 요즘에는 겨울부터 하우스 딸기가 생산되지만, 햇볕을 받아 익은 새콤한 노지 딸기의 맛은 각별하지요. 딸기와 잘 어울리는 로푸드 레어치즈를 사용한 타르트는 눈으로 보기에도 정말 예뻐요. 상큼하고 부드러운 맛의 조화로 마음까지 사르르 녹여 줍니다.

재료 •2호 타르트 틀 1개 분량

크러스트
아몬드 2컵
건포도 2큰술
반건시 1개
아가베 시럽 1큰술
물 약간

레어치즈 필링
캐슈넛 2컵
아가베 시럽 2큰술
레몬 즙 1큰술
코코넛 오일 1큰술
영양 효모 1큰술
물 약간

토핑
딸기 원하는 만큼

1   2

3   4

미리 준비할 것
• 아몬드를 정수된 물에 12시간 이상 불린 후 식품 건조기로 건조시켜 주세요.
• 캐슈넛을 정수된 물에 3시간 이상 불려 주세요.
• 코코넛 오일을 중탕으로 녹여 주세요.

5

크러스트
1. 아몬드를 푸드 프로세서로 분쇄한 후, 반건시, 건포도, 아가베 시럽 1큰술을 넣고 물을 조금 추가해서 하나로 뭉쳐질 정도로 갈아 주세요.
2. 타르트 틀에 크러스트를 깔아 주세요.
   레어치즈 필링
3. 블렌더에 캐슈넛, 아가베 시럽 2큰술, 레몬 즙, 영양 효모를 넣고 물을 약간씩 첨가하면서 갈아 크리미하게 갈리면 코코넛 오일을 추가하여 다시 한 번 갈아 주세요.
4. 레어치즈 필링을 크러스트 위에 올려 모양을 정돈하고 3시간 이상 냉동시켜 주세요.
   토핑
5. 상온에 꺼내어 타르트 필링이 살짝 녹으면 딸기로 토핑해 완성!

뭔가 기분 좋은 일이 생길 것 같은 날~
화사한 봄빛 느낌으로 만나는
청포도 타르트

입에서 사르르 녹는 치즈 필링 위에 너무나 예쁜 청포도가 가득! 맛의 조합도 환
상적인 청포도 타르트입니다. 파릇파릇한 청포도 사이에 탐스러운 적포도도 함께
해 봤어요. 당분이 높고 비타민을 풍부하게 함유한 포도는 피로 회복에 효과적이
랍니다.

재료 •미니 타르트 틀 1개 분량

크러스트
아몬드 ¾컵
반건시 ½개
아가베 시럽 1큰술
천일염 약간
물 약간

치즈 필링
캐슈넛 1컵
레몬 ½개
아가베 시럽 1큰술
코코넛 오일 1큰술
영양 효모 ½큰술
물 ¼컵

토핑
청포도와 적포도 원하는 만큼

 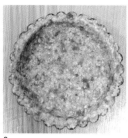

미리 준비할 것
•아몬드를 정수된 물에 12시간 이상 불린
 후 식품 건조기로 건조시켜 주세요.
•캐슈넛을 정수된 물에 3시간 이상 불려 주
 세요.
 •코코넛 오일을 중탕으로 녹여 주세요.

크러스트

1. 푸드 프로세서에 아몬드를 분쇄한 후, 반건시, 아가베 시럽 1큰술, 천일염을 넣고 물을 조금 쳐
   서 반죽이 잘 뭉쳐질 수 있도록 갈아 주세요.
2. 타르트 틀에 크러스트 반죽을 깔아 주세요.
   치즈 필링
3. 고속 블렌더에 물에 불린 캐슈넛, 레몬 즙, 아가베 시럽 1큰술, 영양 효모를 넣고 물을 조금씩 첨
   가하면서 크리미하게 갈아 주고, 코코넛 오일을 넣어 다시 한 번 갈아 주세요.
4. 타르트 크러스트에 필링을 부어 3시간 이상 냉동시킨 후
5. 상온에 꺼내어 필링이 살짝 녹으면 원하는 대로 포도알을 토핑해 주면 완성!

달고도 쌉싸름한 자몽 특유의 맛에~
금세 푹 빠져 헤어날 수 없어요

자몽 타르트

콜레스테롤을 낮춰 혈관 질환에 좋고, 다이어트에도 효과적인 자몽. 강남 타르트 전문점의 인기 메뉴인 자몽 타르트를 맛보고는 홀딱 반해 집에 오자마자 만들었어요. 고소한 아몬드 크러스트에 달콤 쌉쌀한 자몽 과육을 함께 즐길 수 있는 타르트입니다. 생과를 토핑한 타르트이므로 먹기 직전 자몽을 올려 드시는 게 좋아요.

재료 •미니 타르트 틀 1개 분량

크러스트
아몬드 ¾컵, 반건시 ½개
아가베 시럽 1큰술, 천일염 약간
물 약간

자몽 필링
캐슈넛 1컵, 자몽 ½개
아가베 시럽 1큰술, 코코넛 오일 1큰술
영양 효모 ½큰술, 물 ¼컵

토핑
자몽 ½개, 아가베 시럽 2큰술

미리 준비할 것
• 아몬드를 정수된 물에 12시간 이상 불린 후 식품 건조기로 건조시켜 주세요.
• 캐슈넛을 정수된 물에 3시간 이상 불려 주세요.
• 코코넛 오일을 중탕으로 녹여 주세요.
• 자몽 ½개는 즙을 짜고 ½개는 속껍질을 벗겨 과육만 준비하세요.

자몽

30kcal (100그램)/연중 출하
자몽은 지방을 연소시켜 주는 효과가 있어 다이어트에 좋고, 피지를 조절하여 여드름 완화와 모공 축소에도 효과가 있어요. 그리고 뼈를 튼튼하게 해 주므로 갱년기 여성분들이 섭취하시면 골다공증을 예방하는 데도 좋습니다.

Recipe

크러스트
1. 푸드 프로세서에 아몬드를 분쇄한 후, 반건시, 아가베 시럽 1큰술, 천일염을 넣고 물을 조금 추가하며 반죽이 잘 뭉쳐질 수 있도록 갈아 주세요.
2. 타르트 틀에 크러스트 반죽을 깔아 주세요

자몽 필링
3. 고속 블렌더에 물에 불린 캐슈넛과 자몽 즙 ½개 분량, 아가베 시럽 1큰술을 넣고 물을 조금씩 첨가하면서 크리미하게 갈아 준 다음, 코코넛 오일을 넣고 다시 한 번 갈아 주세요
4. 타르트 크러스트 위에 필링을 부어 3시간 이상 냉동시켜 주세요.
5. 상온에 꺼내어 필링이 살짝 녹았을 때 껍질을 벗긴 자몽 과육을 토핑하고 아가베 시럽 2큰술을 뿌려 주면 완성!

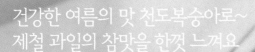

건강한 여름의 맛 천도복숭아로~
제철 과일의 참맛을 한껏 느껴요

천도복숭아 플라워 타르트

달콤한 향기가 나는 붉은 빛깔의 딱딱한 천도복숭아로 장미꽃처럼 아름답고 풍
성한 타르트를 만들어 봤어요. 그냥 먹어도 맛있지만 플라워 타르트를 만들면 먹
는 내내 즐거움이 두 배가 되지요. 살짝 덜 익은 천도복숭아는 비닐에 넣어 햇빛
을 피해 그늘진 곳에 두면 후숙이 됩니다. 냄새를 맡아 보아 달달한 향이 나면 타
르트를 만들어 보세요.

🌿 재료 · 2호 타르트 틀 1개 분량

크러스트

오트밀 ½컵

아몬드 1컵

고운 코코넛 가루 ⅔컵

카카오 파우더 ¼컵

천일염 약간

아가베 시럽 2큰술

물 약간

치즈케이크 필링

캐슈넛 2컵

천도복숭아 1개

아가베 시럽 2큰술

레몬 즙 1큰술

코코넛 오일 1큰술

선플라워 렉시틴 1큰술

물 약간

토핑

천도복숭아 3개

🌿 미리 준비할 것

• 아몬드를 정수된 물에 12시간 이상 불린 후 식품 건조기로 건조시켜 주세요.

• 캐슈넛을 정수된 물에 3시간 이상 불려 주세요.

• 코코넛 오일을 중탕으로 녹여 주세요.

천도복숭아

45kcal (100그램)/7~8월

천도복숭아는 간을 해독시켜 주어 간 기능 회복에 도움을 줍니다. 니코틴 해독 효과가 있어 흡연자들에게 아주 좋아요.

Recipe

크러스트

1. 크러스트 재료 전부를 푸드 프로세서에 넣고 반죽이 잘 뭉칠 수 있도록 물을 조금 첨가하면서 갈아 주세요.

2. 타르트 틀에 반죽을 깔아 크러스트를 만들어요.

치즈케이크 필링

3. 블렌더에 캐슈넛, 씨를 제거한 천도복숭아 1개, 아가베 시럽 2큰술, 레몬 즙, 선플라워 렉시틴을 넣고 물을 약간씩 첨가하면서 크리미하게 갈아 준 다음 코코넛 오일을 추가해 다시 한 번 갈아 주세요.

4. 크러스트에 치즈케이크 필링을 가지런히 얹어 3시간 이상 냉동시켜 주세요.

토핑

5. 토핑용 천도복숭아 3개를 채칼로 얇게 슬라이스하세요.

6. 타르트를 상온에 꺼내어 살짝 녹으면 복숭아 슬라이스를 장미 모양으로 둥글게 돌아가며 토핑해 완성!

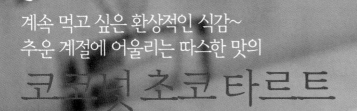

계속 먹고 싶은 환상적인 식감~
추운 계절에 어울리는 따스한 맛의

코코넛 초코 타르트

크러스트에 코코넛 가루를 더하면 마치 구워 만든 파이지 같은 바삭바삭함을 느낄 수 있어요. 바삭바삭한 타르트에 채워진 부드러운 아보카도 초코 필링의 맛이 차가워진 날씨에 더욱 마음을 끄는 훈훈한 디저트입니다. 따뜻한 아메리카노와 함께 즐겨 보세요. 달콤한 딸기와의 조화도 훌륭해요.

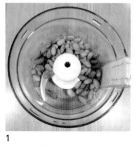

재료 •2호 타르트 틀 1개 분량

크러스트
아몬드 1컵
고운 코코넛 가루 ¾컵
반건시 1개
천일염 약간
아가베 시럽 2큰술
물 약간

초코 필링
아보카도 1개
카카오 파우더 2큰술
캐롭 가루 2큰술
시럽 3큰술
천일염 약간
물 약간

토핑
생딸기 (선택)

미리 준비할 것
• 아몬드를 정수된 물에 12시간 이상 불린 후 식품 건조기로 건조시켜 주세요.
• 아보카도는 잘 익은 아보카도로 준비해 주세요. 충분히 익지 않은 상태의 아보카도라면 수건에 싸서 실온에서 3~7일 보관하여 후숙시켜 사용하면 됩니다.

크러스트
1. 푸드 프로세서에 아몬드를 넣어 분쇄해요.
2. 분쇄된 아몬드에 고운 코코넛 가루, 반건시, 천일염, 아가베 시럽 2큰술을 넣고 물을 조금씩 추가해 반죽이 잘 뭉쳐지도록 갈아 주세요.
3. 타르트 틀에 반죽을 끼워 크러스트를 만들어요.

초코 필링
1. 고속 블렌더에 필링 재료를 모두 넣고 물을 약간씩 첨가하면서 크리미하게 갈아 주세요.
2. 만들어진 초코 필링을 크러스트 위에 부어 가지런히 정돈한 다음 3시간 이상 냉동시키면 완성!

부드러운 휘핑크림이 듬뿍 올라간~
달콤 향긋 로푸드 바나나 파이

바나나 크림 파이

바나나 한 송이를 사면 끝까지 먹기가 생각보다 힘들죠? 그럴 땐 날파리에게 양보하지 말고 바나나 크림 파이를 만들어 보세요. 부드러운 맛이 일품인 로푸드 휘핑크림을 토핑으로 듬뿍 올린 바나나 파이입니다. 바나나 맛 가득가득, 휘핑크림과도 잘 어울리고 고소한 크러스트와의 조화도 일품인 타르트입니다.

3

4

5

7

재료 · 2호 타르트 틀 1개 분량

크러스트
아몬드 1컵
건포도 2큰술
반건시 1개
아가베 시럽 1큰술
물 약간

바나나 필링
캐슈넛 1컵
바나나 1개
아가베 시럽 1큰술
레몬 즙 1큰술
코코넛 오일 1큰술
물 약간

토핑
바나나 1개

코코넛 휘핑크림
코코넛 밀크 1캔
아가베 시럽 1큰술

미리 준비할 것

• 아몬드를 정수된 물에 12시간 이상 불린 후 식품 건조기로 건조시켜 주세요.
• 캐슈넛을 정수된 물에 3시간 이상 불려 주세요.
• 코코넛 오일을 중탕으로 녹여 주세요.
• 코코넛 밀크는 냉장고에 하룻밤 넣어 두세요.

크러스트

1. 푸드 프로세서에 아몬드를 분쇄한 후 반건시, 건포도, 아가베 시럽을 넣고 반죽이 하나로 뭉쳐지게 갈아 주세요. 잘 뭉쳐지지 않으면 물을 조금 넣어 갈아요.
2. 타르트 틀에 반죽을 깔아 크러스트를 만들어 주세요.

바나나 필링

3. 블렌더에 캐슈넛, 바나나 1개, 아가베 시럽 1큰술을 넣고 물을 조금씩 첨가하며 크리미하게 갈아 준 다음 코코넛 오일을 넣어 다시 한 번 갈아요.
4. 바나나 필링을 크러스트에 부어 3시간 이상 냉동시켜 주세요.

코코넛 휘핑크림

5. 차게 식혀둔 코코넛 밀크에 아가베 시럽 1큰술을 넣고 거품기로 저어 휘핑크림을 만들어 주세요.
6. 토핑용 바나나를 얇게 썰어 바나나 필링 위에 한 층 깔고 코코넛 휘핑크림을 듬뿍 올려 냉동실에 3시간 이상 냉동시켜요. 먹기 30분 전에 상온에 꺼내어 해동해 주세요.

아몬드 펄프 타르트

아몬드 밀크를 만들고 난 뒤 남은 아몬드 펄프, 그냥 버리지 마세요. 장 건강을
지켜 주는 섬유질이 풍부한 펄프로 식감 좋은 타르트를 만들 수 있답니다.

🌿 **재료** •2호 타르트 틀 1개 분량

크러스트
아몬드 펄프 1컵
아몬드 1컵
건포도 2큰술
반건시 1개
아가베 시럽 1큰술
물 약간

필링
캐슈넛 2컵
아가베 시럽 2큰술
레몬 즙 1큰술
코코넛 오일 1큰술
물 약간

토핑
각종 과일

🖐 **미리 준비할 것**
•아몬드를 정수된 물에 12시간 이상 불린 후 식품 건조기로 건조시켜 주세요.
•캐슈넛을 정수된 물에 3시간 이상 불려 주세요.
•코코넛 오일을 중탕으로 녹여 주세요.
•24쪽 아몬드 펄프를 준비해 주세요.

1

2

3

4

5

Recipe

크러스트
1. 아몬드를 푸드 프로세서로 분쇄해요.
2. 분쇄된 아몬드에 아몬드 펄프와 반건시, 건포도, 아가베 시럽 1큰술을 넣고 뭉쳐질 정도로 갈아 주세요.
3. 타르트 틀에 반죽을 깔아 크러스트를 만들어요.

필링
4. 고속 블렌더에 캐슈넛, 아가베 시럽 2큰술, 레몬 즙을 넣고 물을 약간씩 첨가하면서 크리미하게 갈아 준 다음 코코넛 오일을 추가해 다시 한 번 갈아 주세요.
5. 필링을 크러스트 위에 부어 3시간 이상 냉동시킨 후, 상온에 꺼내어 살짝 녹았을 때 각종 과일로 토핑해 완성해 주세요.

달콤하게 무르익은 사과로 만든~
애플 파이와 함께 티타임

애플파이

미국의 대표 음식 중 하나인 애플파이. 사과가 많이 나는 미국 북동부 지역에서
는 각 가정마다 자신들만의 레시피가 있다고 할 정도로 만드는 방법도 다양하지
요. 그런 만큼 미국인들에게 애플파이는 어머니의 손맛, 추억의 음식입니다. 손님
이 오셨을 때 미국 스타일로 로푸드 애플파이와 함께 하는 티타임 어떠세요? 정
통 아메리칸 애플파이 못지않은 로푸드 애플파이를 소개합니다.

재료 • 미니 타르트 틀 1개 분량

사과 1 ½개
반건시 4개
건무화과 ½컵
시나몬 ½작은술
너트메그 ½작은술
물 약간

사과

57kcal (100그램)/7~10월

자연의 칫솔이라고도 불리는 사과는 껍질째 먹는 게 중요해요. 사과 껍질을 제거하면 대부분의 영양소를 놓치게 되기 때문이지요. 사과 껍질에는 과육보다 플라바노이드 함유량이 6배 많고, 산화방지제 또한 훨씬 더 많이 함유되어 있어요. 껍질째 먹는 사과로 사과의 영양을 모두 챙겨 드세요!

1. 사과 1개를 칼이나 슬라이서로 얇게 썰어 두세요.
2. 반건시 3개와 건무화과를 푸드 프로세서에 넣고 물을 조금씩 첨가하며 걸쭉하게 갈아 주세요.
3. 케이크 틀에 크러스트를 깔아 주세요.
4. 고속 블렌더에 사과 ½개와 반건시 1개, 시나몬, 너트메그를 넣고 물을 조금씩 첨가하며 갈아서 애플 시나몬 필링을 만들어 주세요.
5. 크러스트 위에 애플 시나몬 필링을 발라 주고,
6. 슬라이스해 둔 사과를 한 층 깔아요. 같은 방법으로 필링과 사과를 3~4번 반복해서 깔아 준 후 틀을 빼내면 완성!

톡 쏘는 라임과~
부드러운 망고의 조화

망고 라임 파이

좀 더 가벼워지고 싶은 날, 견과류가 들어가지 않아 가볍게 즐길 수 있는 로푸
드 파이입니다. 괜히 몸이 무거울 때는 견과류마저 마음에 부담이 되기도 하죠.
아몬드 대신 반건시로 크러스트를 만들고 캐슈넛 대신 부드러운 망고와 톡 쏘
는 라임으로 필링을 올렸어요. 라임 망고 타르트, 만들 준비 되셨나요?

재료 •미니 타르트 틀 1개 분량

크러스트
반건시 1컵
코코넛 가루 1컵
천일염 약간
물 약간

망고 라임 필링
망고 2개
라임 ½개
코코넛 오일 1큰술
아가베 시럽 약간

미리 준비할 것
•코코넛 오일을 중탕으로 녹여 주세요.

1

2

3

4

망고

68kcal (100그램)/5~10월
망고에는 섬유질이 풍부해 소화를 촉진시켜 주므로 소화불량에 좋고, 시력을 좋게 해 주며 야맹증을 막는 데도 효과가 있어요. 피부 세포를 활성화시켜 미용에도 도움이 됩니다.

Recipe

크러스트

1. 푸드 프로세서에 반건시, 코코넛 가루, 천일염을 넣고 물을 조금씩 추가하며 반죽이 잘 뭉쳐지도록 갈아 주세요.

2. 반죽을 타르트 틀에 깔아 크러스트를 만들어 주세요.

망고 라임 필링

3. 라임 즙을 짜 주세요.

4. 푸드 프로세서에 껍질과 심을 제거한 망고 과육과 라임 즙, 아가베 시럽을 넣고 갈아 준 후 코코넛 오일을 추가하여 다시 한 번 갈아 주세요.

   TIP 아가베 시럽은 취향에 따라 가감해 주세요.

5. 크러스트에 라임 망고 필링을 부어 냉동실에서 3시간 이상 얼리면 완성!

특별한 디저트를 원할 때~
딱딱이 복숭아의 놀라운 변신
피치 코블러

코블러는 속이 깊은 접시에 구운 과일 파이의 일종으로, 바삭하고 고소한 크러스트에 달콤한 과일을 듬뿍 넣어 먹는 기특한 디저트랍니다. 밀가루를 쓰지 않고 생채식 재료로만 간단하게 컵에 담아 로푸드 피치 코블러를 만들었어요. 파이라고 무조건 동글 납작하라는 법은 없죠? 날씨가 뜨거워지면 제철을 맞이해 더욱 향기로워지는 복숭아를 이용해 간단하면서도 푸짐한 디저트를 즐겨 보세요. 달콤한 간식으로도, 든든한 아침식사로도 좋은 피치 코블러입니다.

재료

크러스트

아몬드 ½컵

코코넛 미트 ½컵

반건시 또는 대추야자 1개

시나몬 파우더 1작은술

물 약간

시럽

피칸 ½컵

반건시 ½개

시나몬 파우더 ½작은술

필링

딱딱이 복숭아 ½개

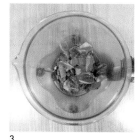

미리 준비할 것

• 아몬드를 정수된 물에 12시간 이상 불린 후 식품 건조기로 건조시켜 주세요.

• 딱딱이 복숭아 과육을 채칼로 얇게 슬라이스해 주세요.

Recipe

1. 푸드 프로세서에 아몬드를 분쇄해요.

2. 분쇄된 아몬드에 코코넛 미트, 반건시 1개, 시나몬 파우더 1작은술을 넣고 반죽의 뭉침 정도를 보면서 물을 조금 추가하여 갈아 주세요.

3. 고속 블렌더에 피칸과 반건시 ½개, 시나몬 파우더 ½작은술과 물을 넣고 갈아 시럽을 만들어 주세요.

   TIP 물은 상태를 보고 조금씩 넣어 걸쭉한 시럽을 만들어 주세요.

4. 예쁜 와인 잔에 크러스트, 시럽, 복숭아 슬라이스 순서로 2-3번 반복하여 깔아 주세요.

모카 가토 오 쇼콜라·솔티드 캐러멜 초콜릿 바·레몬 베리 코코넛 케이크·구좌 당근 케이크·검은 숲 케이크

바나나 아이스크림 케이크·비트 치즈 케이크·오렌지 초코 케이크·체리 치즈 케이크·크랜베리 쇼트케이크

피치 가나슈 크림 케이크·단호박 케이크·코코넛 망고 치즈 케이크·애플 토르테·로즈마리 브레드·바나나 브레드

어니언 치즈 브레드·캐러멜라이즈드 어니언 콘 브레드·홍밀 빵·당근 빵·당근 스콘·메밀 베이글

프랑스 베이글·코코넛 비스코티·시나몬 프레즐·머스터드 프레즐

Chapter 05

케이크와 빵

특별한 날을 축하하거나
여럿이 모여 즐거운 시간을 가질 때
예쁘고 맛있는 케이크는 빼놓을 수 없겠죠.
한 끼 식사로 손색이 없는
로푸드 브레드도 잊지 마세요.

은은한 커피 향이 마음을 흔드는~
활력 만점 초코 케이크

모카 갸토 오 쇼콜라

프랑스어로 갸토는 케이크, 쇼콜라는 초콜릿이라는 뜻이랍니다. 고소한 캐슈넛 크림
에 카카오 가루가 듬뿍 들어가 달콤 쌉싸름한 초콜릿 맛이 그만인 갸토 오 쇼콜라.
은은한 커피 향이 함께 느껴져 더욱 품격 높은 메뉴예요. 어쩐지 피곤하고 의욕이 없
는 날, 고급 제과점에 온 것 같은 케이크 한 조각으로 하루의 스트레스를 날려 버리
세요!

acacia

🌿 재료 •2호 케이크 틀 1개 분량

크러스트

아몬드 ⅓ 컵

건포도 2큰술

아가베 시럽 1큰술

건크랜베리 2큰술

물 약간

필링

캐슈넛 1 ½컵

커피 1큰술

아가베 시럽 2큰술

반건시 1개

코코넛 오일 ½컵

카카오 파우더 3큰술

물 ½컵

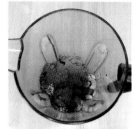

🌿 미리 준비할 것

•아몬드를 정수된 물에 12시간 이상 불린 후 식품 건조기로 건조시켜 주세요.

•캐슈넛을 정수된 물에 3시간 이상 불려 주세요

•코코넛 오일을 중탕으로 녹여 주세요.

크러스트

1. 아몬드를 푸드 프로세서에 갈아요.

2. 분쇄된 아몬드에 건포도, 건크랜베리와 아가베 시럽 1큰술을 넣고 물을 조금씩 추가하며 반죽이 잘 뭉쳐지도록 갈아 주세요.

3. 케이크 틀에 크러스트 반죽을 깔아 주세요.

모카 초콜릿 필링

4. 고속 블렌더에 캐슈넛, 커피, 아가베 시럽 2큰술과 반건시, 카카오 파우더를 물을 조금씩 추가하면서 크리미하게 갈아 준 후 코코넛 오일을 넣고 다시 한 번 갈아 주세요.

5. 크러스트를 깔아 놓은 케이크 틀에 모카 초코 필링을 부어 3시간 이상 냉동시키면 완성!
   TIP 가루 커피 대신 에스프레소를 쓰면 더욱 깊은 맛이 납니다.

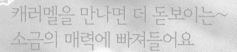

캐러멜을 만나면 더 돋보이는~
소금의 매력에 빠져들어요

솔티드캐러멜 초콜릿바

달콤 짭짤한 솔티드 캐러멜은 따뜻하거나 차가운 디저트 메뉴에 두루 잘 어울려
커피, 케이크, 핫초코 등 다양한 형태로 카페에 선보이고 있지요. 달콤한 초콜릿
에 더 달콤한 캐러멜, 저항할 수 없는 매력을 가졌지만 선뜻 함께하기엔 부담스러
워요. 로푸드로 가볍게 마음껏 즐겨 보세요. 단맛에 짠맛이 살짝 첨가되면 한 단
계 차원 높은 기분 좋은 달콤함을 맛볼 수 있답니다.

재료 •파운드 틀 1개 분량

크러스트

호두 1컵

대추야자 ½컵

코코넛 오일 2큰술

아가베 시럽 1큰술

천일염 약간

캐러멜 필링

캐슈넛 1컵

코코넛 오일 ½컵

선플라워 렉시틴 1큰술

아가베 시럽 2큰술

대추야자 2개

참깨 2큰술

물 ½컵

초콜릿 커버처

코코넛 오일 ¼컵

카카오 가루 ¼컵

천일염 약간

아가베 시럽 2큰술

미리 준비할 것

•호두는 정수된 물에 4시간 불린 후 식품 건조기로 완전히 건조시켜 주세요.

•캐슈넛은 정수된 물에 3시간 이상 불린 후 세척해 주세요.

•코코넛 오일을 중탕으로 녹여 주세요.

크러스트

1. 호두를 푸드 프로세서로 분쇄한 후, 씨를 뺀 대추야자를 넣고 코코넛 오일 2큰술, 아가베 시럽, 천일염, 물 약간을 추가하면서 갈아 주세요.

   TIP1 물과 시럽을 조금씩 추가하면서 반죽의 질기와 당도를 조절해 주세요.

2. 파운드 틀에 유산지를 깔고 크러스트를 꼼꼼히 깔아 주세요.

   캐러멜 필링

3. 고속 블렌더에 물에 불린 캐슈넛을 넣고 코코넛 오일 ½컵, 선플라워 렉시틴, 아가베 시럽 2큰술, 대추야자, 참깨, 물을 함께 넣어 크리미하게 갈아 주세요.

4. 크러스트가 깔린 파운드 틀에 캐러멜 필링을 부어 1시간 이상 냉동시켜 주세요.

   초콜릿 커버처

5. 볼에 중탕으로 녹인 코코넛 오일 ¼컵, 카카오 가루, 천일염, 아가베 시럽을 잘 섞어 주세요.

6. 캐러멜 필링 위에 초콜릿 커버처를 부어 10분 이상 냉동해 마무리!

상큼함과 달콤함을 함께 원할 때~
행복이 톡톡 튀는 개성파 케이크

레몬 베리 코코넛 케이크

이름도 색깔도 완전 사랑스러운 케이크, 보기만 해도 기분 좋고 먹으면 더 기분 좋아
지는 케이크예요. 무더운 여름 상큼한 디저트가 생각날 때, 또는 딸기가 반가운 추운
겨울에 따뜻한 차 한 잔을 곁들여 즐겨 보세요. 딸기에는 엽산이 많이 들어 있어 임
산부님들께 적극 추천합니다. 하루 종일 사랑스러운 기분으로 콧노래가 절로 나요.

재료 •파운드 틀 1개 분량

크러스트

아몬드 가루 1컵
고운 코코넛 가루 1컵
대추야자 4개
레몬 ½개
천일염 약간
물 약간

스트로베리 잼

대추야자 4개
딸기 1컵

레몬 케이크

캐슈넛 2컵
레몬 1개
아가베 시럽 2큰술
천일염 약간
코코넛 오일 2큰술
강황 ½작은술 (없어도 됨)

미리 준비할 것

•아몬드를 정수된 물에 12시간 이상 불린
 후 식품 건조기로 건조시켜 주세요.
•캐슈넛을 정수된 물에 3시간 이상 불려 주
 세요
•코코넛 오일을 중탕으로 녹여 주세요.

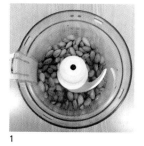

1

2

3

4

5

6

크러스트

1. 푸드 프로세서에 아몬드를 분쇄하고 고운 코코넛 가루, 씨를 뺀 대추야자 4개, 레몬 즙 ½개 분량, 천일염을 넣고 물을 조금씩 추가하며 반죽이 잘 뭉칠 수 있도록 갈아 주세요.
2. 파운드 틀에 유산지를 깔고 크러스트를 깔아 주세요.

스트로베리 잼

3. 고속 블렌더에 씨를 뺀 대추야자 4개, 딸기를 넣고 물을 조금씩 더하며 크리미하게 갈아요.
4. 크러스트 위에 잼을 부어 1시간 이상 냉동시켜 주세요.

레몬 케이크

5. 고속 블렌더에 캐슈넛, 레몬 즙 1개 분량, 아가베 시럽, 천일염, 강황을 넣고 물을 더하며 크리미하게 간 다음, 코코넛 오일을 추가하여 다시 한 번 갈아 주세요.
6. 얼린 스트로베리 잼 위로 레몬 케이크를 부어 3시간 이상 냉동시키면 완성!

못생겼지만 괜찮아~
리치한 치즈와 어울리는

구좌 당근 케이크

제주도 구좌읍은 당근이 유명하지요. 여행 갔을 때 예쁜 카페에서 못생겼지만 맛
좋고 영양이 풍부한 구좌 당근으로 만든 당근 케이크를 많이 만날 수 있었어요.
따뜻한 커피와 잘 어울리는 당근 케이크에 푹 빠져 갈 때마다 꼭 맛보곤 하는데
요. 구좌읍에서 만난 당근 케이크의 감동을 담아 로푸드 당근 케이크를 만들어
봤어요. 생당근을 잘 못 드시는 분들께 적극 추천 드려요.

재료 •1호 케이크 틀 1개 분량

당근 빵

당근 펄프 또는 푸드 프로세서로 다진

당근 3컵

사과 1개

굵은 코코넛 가루 4큰술

반건시 1개

건포도 2큰술

시나몬 파우더 약간

캐슈 치즈 크림

캐슈넛 1컵

아가베 시럽 2큰술

물 ½컵

미리 준비할 것

•캐슈넛을 정수된 물에 3시간 이상 불린 후 세척해 주세요.

•사과는 채 썰어 준비하세요.

1

2

3

4

1. 볼에 당근 펄프(또는 다진 당근), 채 썬 사과, 굵은 코코넛 가루, 반건시, 건포도, 시나몬 파우더를 담아 잘 섞어요.

2. 캐슈넛, 아가베 시럽 2큰술, 물 ½컵을 고속 블렌더에 크리미한 상태로 갈아 주세요.

   TIP 시럽은 취향에 따라 가감하세요. 농도를 보면서 물을 조금씩 추가해 주세요.

3. 케이크 틀에 당근 빵 반죽 절반 분량을 깔아 주세요.

4. 위에 캐슈 크림 절반 분량을 바르고, 당근 빵 반죽과 캐슈 크림 순서로 다시 한 번 반복해 층을 만든 후 냉장고에서 10분간 숙성시켜 마무리!

191

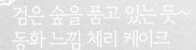

검은 숲을 품고 있는 듯~
동화 느낌 체리 케이크

검은 숲 케이크

체리 케이크의 체리는 꼭 케이크 윗면에 토핑되어야 하나요? 카카오 향을 가득 품고
더치 커피의 은은한 향까지 품은 초콜릿 검은 숲 필링 속 체리를 하나씩 찾아보는 재
미가 쏠쏠한 치즈 케이크입니다. 검은 숲 체험, 함께 시작해 볼게요.

재료 • 2호 케이크 틀 1개 분량

크러스트

아몬드 1 ½컵

고운 코코넛 가루 ½컵

아가베 시럽 2큰술

건포도 ½컵

천일염 약간

물 약간

초콜릿 필링

캐슈넛 3컵

아가베 시럽 ½컵

더치 커피 ½컵

카카오 가루 ¾컵

천일염 약간

코코넛 오일 2큰술

선플라워 렉시틴 1큰술

물 약간

체리 2컵

1

2

3

5

6

미리 준비할 것

• 아몬드를 정수된 물에 12시간 이상 불린 후 식품 건조기로 건조시켜 주세요.

• 캐슈넛을 정수된 물에 3시간 이상 불려 주세요

• 체리의 씨를 제거해 주세요.

• 코코넛 오일을 중탕으로 녹여 주세요.

크러스트

1. 아몬드를 푸드 프로세서에 분쇄한 후 고운 코코넛 가루, 아가베 시럽 2큰술, 건포도, 천일염을 넣고 물을 조금씩 추가하며 반죽이 잘 뭉쳐지도록 갈아 주세요.

2. 크러스트 반죽을 케이크 틀에 깔아 주세요.

초콜릿 필링

3. 블렌더에 캐슈넛, 아가베 시럽, 더치 커피, 카카오 가루, 천일염, 선플라워 렉시틴을 넣고 물을 조금씩 추가하면서 크리미하게 간 다음, 코코넛 오일을 넣어 다시 한 번 갈아 주세요.

4. 크러스트를 깔아 놓은 케이크 틀에 초콜릿 필링 3분의 1 분량을 붓고

5. 씨를 제거한 체리를 간 다음

6. 나머지 필링을 부어 채워서 3시간 이상 냉동시켜 마무리!

바나나의 변신은 무죄~
바나나 아이스크림 또 한 번의 변신!

바나나 아이스크림 케이크

바나나는 저렴한 가격에 달콤한 맛과 말랑 쫀득한 식감을 가지고 있어 자주 쓰이는 재료 중 하나예요. 스무디, 크림, 각종 디저트의 토핑으로 다양한 모습을 보여주지요. 이번에는 케이크랍니다. 그냥 바나나는 반갑지 않아 하셨던 분들이라도 두 번의 변신을 거친 사랑스러운 케이크 앞에서는 유혹을 물리치기 힘들 거예요.

재료 •1호 케이크 틀 1개 분량

크러스트

굵은 코코넛 가루 1컵
카카오 가루 2큰술
아가베 시럽 1큰술
천일염 약간
물 약간

바나나 케이크

얼린 바나나 3개
물 약간

가나슈 크림

코코넛 오일 ¼컵
카카오 가루 ¼컵
아가베 시럽

미리 준비할 것

•바나나는 껍질을 벗기고 냉동해 두세요.
•코코넛 가루는 중탕으로 녹여 주세요.

1 2 3 4 5 6

크러스트

1. 굵은 코코넛 가루, 카카오 가루, 아가베 시럽, 천일염을 푸드 프로세서에 넣고, 물을 조금씩 추가하며 반죽이 잘 뭉치도록 갈아 주세요.
2. 케이크 틀에 반죽을 깔아 주세요.

바나나 케이크

3. 푸드 프로세서에 얼린 바나나를 넣고 물을 조금씩 추가하며 크리미하게 갈아 주고,
4. 케이크 틀에 부어 냉동실에서 3시간 이상 냉동시켜 주세요.

가나슈 크림

5. 볼에 중탕으로 녹인 코코넛 오일과 카카오 가루, 아가베 시럽을 잘 섞어
6. 바나나 케이크 위에 부어서 냉동실에서 30분간 굳히면 완성!

입으로만 먹는 케이크가 아니에요~
눈으로 맛보는 화려한 빛깔

비트치즈케이크

보기만 해도 기분이 좋아지는 비트 컬러를 품은 케이크입니다. 젊음의 묘약이라 불릴
만큼 항산화 효과가 뛰어나고 철분을 많이 함유하고 있어 빈혈 예방에도 좋은 비트는
그 선명한 붉은빛만큼 환히 빛이 나는 착한 채소죠. 예쁜 마젠타 색을 가득 품고 있
어 컬러 푸드의 선두주자인 비트의 즙으로 디저트에 마음껏 색을 내 보세요.

크러스트

아몬드 가루 1컵, 고운 코코넛 가루 ½컵
비트 펄프 ½컵, 코코넛 오일 1큰술
아가베 시럽 2큰술, 영양 효모 1큰술
천일염 ½작은술, 물 약간

치즈 케이크 필링

캐슈넛 1컵, 레몬 ½개
코코넛 오일 1큰술, 아가베 시럽 ½큰술
천일염 ½작은술, 물 약간

비트 케이크 필링

캐슈넛 1컵, 레몬 ½개
코코넛 오일 1큰술, 아가베 시럽 ½큰술
천일염 ½작은술, 비트 즙 ½컵

미리 준비할 것

• 주서기로 비트 즙을 내 주세요.
• 코코넛 오일을 중탕으로 녹여 주세요.
• 아몬드를 고속 블렌더로 곱게 갈아 가루
  로 만들어 주세요.
• 캐슈넛을 정수된 물에 3시간 이상 불려
  주세요.
• 레몬은 즙을 내 두세요.

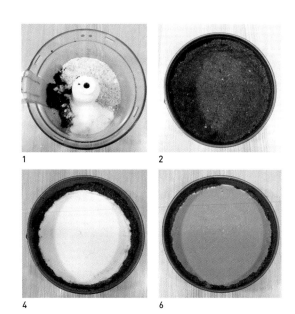

크러스트

1. 푸드 프로세서에 크러스트 재료를 모두 넣고 물을 조금씩 첨가하며 반죽이
   잘 뭉쳐지도록 갈아 주세요.

2. 케이크 틀 바닥과 벽에 크러스트를 얇게 깔아 주세요.

치즈 케이크 필링

3. 블렌더에 캐슈넛 1컵과 레몬 즙 ½개 분량, 아가베 시럽, 천일염을 넣고 물
   을 조금씩 첨가하며 크리미하게 갈아 준 후 코코넛 오일 1큰술을 넣고 다시
   한 번 갈아 주세요

4. 케이크 틀에 치즈 케이크 필링을 붓고 1시간 이상 냉동해 주세요.

비트 케이크 필링

5. 블렌더에 캐슈넛 1컵과 레몬 즙 ½개 분량, 아가베 시럽, 천일염과 함께 비트
   즙을 넣어 크리미하게 갈아 준 후 코코넛 오일 1큰술을 넣고 다시 한번 갈
   아 주세요.

6. 얼린 치즈 케이크 필링 위로 비트 케이크 필링을 부어 3시간 이상 냉동시키
   면 완성!

리얼 오렌지의 향기~
먹으면 행복해지는 케이크

오렌지 초코 케이크

언젠가부터 제주도에 가면 감귤 초콜릿을 사 오는 게 코스가 되어 버렸어요. 달콤한
초콜릿 사이로 퍼지는 오렌지의 향은 기분을 띄워 주는데요. 새콤 달콤 향긋 오렌지
초콜릿 좋아하시나요? 당절임 없는 로푸드 오렌지 초코 케이크로 오늘 하루 기분을
업하는 게 어때요?

재료 •2호 케이크 틀 1개 분량

크러스트
아몬드 1컵, 반건시 1개
아가베 시럽 2큰술, 캐롭 가루 2큰술
천일염 약간, 물 약간

오렌지 필링
캐슈넛 1컵, 오렌지 ½개
아가베 시럽 1큰술, 코코넛 오일 1큰술
물 ½컵

초코 필링
피칸 1컵, 오렌지 ½개
아가베 시럽 1큰술, 코코넛 오일 1큰술
물 ½컵

미리 준비할 것
•아몬드를 정수된 물에 12시간 이상 불린 후 식품 건조기로 건조시켜 주세요.
•캐슈넛을 정수된 물에 3시간 이상 불려 주세요.
•피칸을 정수된 물에 4시간 이상 불려 주세요.
•코코넛 오일을 중탕으로 녹여 주세요.

크러스트

1. 아몬드를 푸드 프로세서에 분쇄한 후 반건시, 아가베 시럽, 캐롭 가루, 천일염을 넣고 물을 조금씩 추가하며 반죽이 잘 뭉쳐지도록 갈아 주세요.
2. 케이크 틀에 크러스트 반죽을 깔아 주세요.
   오렌지 필링
3. 오렌지는 반으로 잘라 즙을 짜 주세요.
4. 고속 블렌더에 캐슈넛과 오렌지 즙 ½개 분량, 아가베 시럽, 물을 넣고 크리미하게 갈다가 코코넛 오일을 넣고 다시 한 번 갈아 주세요.
5. 크러스트 위에 오렌지 필링을 부어 냉장고에서 1시간 이상 굳혀 주세요.
   초코 필링
6. 고속 블렌더에 피칸, 오렌지 즙 ½개 분량, 아가베 시럽, 물을 넣고 크리미하게 갈다가 코코넛 오일을 넣고 다시 한 번 갈아 주세요.
7. 얼린 오렌지 필링 위로 초코 필링을 붓고, 3시간 이상 냉동시키면 완성!

아름다운 색과 달콤한 맛~
체리의 달콤함이 배가되는

체리 치즈 케이크

어느새 마트에서도 쉽게 만날 수 있게 된 고급 과일 체리. 모양도 너무나 귀엽고 예쁘
지만 칼로리가 아주 낮고 수분이 많고 포만감이 커서 다이어트에 아주 좋은 과일이에
요. 과실이 굵고 진한 색을 띠는 달콤한 체리를 골라서 치즈 케이크를 만들어 볼게요.

재료 •2호 케이크 틀 1개 분량

크러스트
아몬드 1 ½컵
반건시 1개
아가베 시럽 2큰술
천일염 약간
물 약간

치즈 케이크 필링
캐슈넛 1컵
얼린 바나나 2개
물 ½컵
시나몬 ½작은술

체리 글레이즈
체리 1컵
반건시 2개
물 ½컵

미리 준비할 것
•아몬드를 정수된 물에 12시간 이상 불린 후 식품 건조기로 건조시켜 주세요.
•캐슈넛을 정수된 물에 3시간 이상 불려 주세요.
•바나나는 껍질을 벗겨 냉동해 두세요.
•체리의 씨를 제거해 주세요.

크러스트

1. 아몬드를 푸드 프로세서에 분쇄한 후, 반건시와 아가베 시럽, 천일염을 넣고 물을 조금씩 추가하면서 반죽이 잘 뭉쳐지도록 갈아 주세요.

2. 크러스트 반죽을 케이크 틀에 깔아 주세요.

치즈 케이크 필링

3. 블렌더에 캐슈넛, 얼린 바나나, 시나몬을 넣고 물을 조금씩 추가하면서 크리미하게 갈아 주세요.

4. 크러스트를 깔아 놓은 케이크 틀에 치즈 케이크 필링을 부어 주세요.

체리 글레이즈

5. 블렌더에 체리, 반건시, 물을 크리미하게 갈아 주세요.

6. 치즈 케이크 위에 체리 글레이즈를 부어 꼬치 등으로 회오리 무늬를 만든 다음 3시간 이상 냉동시키면 완성!

추수감사절을 곱게 채색한~
상큼한 붉은빛이 예뻐요

크랜베리 쇼트케이크

파티가 있는 날에는 맛도 중요하지만 눈을 즐겁게 하는 케이크가 꼭 필요하지요. 신나는 날을 더 흥겹게 만들어 줄 크랜베리 쇼트케이크입니다. 쇼트케이크란 크러스트에 과일을 얹은 케이크를 말해요. 한 입 먹어 보면 세 가지 크림이 입 안에 퍼지면서 동시에 크랜베리가 톡톡 상큼한 맛을 자랑한답니다. 당절임 건크랜베리를 사용하시면 곤란해요. 꼭 생과 또는 냉동 크랜베리를 사용해서 만들어 주세요.

2

3

4

5

재료 • 1호 케이크 틀 1개 분량

크러스트
아몬드 1컵, 대추야자 2개
아가베 시럽 1큰술, 천일염 약간
물 약간

화이트 크림
코코넛 워터 1컵, 캐슈넛 ½컵
얼린 바나나 1개, 시나몬 ¼작은술

크랜베리 크림
얼린 바나나 1개, 크랜베리 ½컵
물 ½컵

크랜베리 필링
크랜베리 1컵, 반건시 2개
물 ½컵
토핑용 크랜베리 2컵

미리 준비할 것

• 아몬드를 정수된 물에 12시간 이상 불린 후 식품 건조기로 건조시켜 주세요.
• 캐슈넛을 정수된 물에 3시간 이상 불려 주세요.
• 바나나는 껍질을 벗겨 냉동해 두세요.

크러스트

1. 아몬드를 푸드 프로세서에 분쇄한 후 대추야자, 아가베 시럽, 천일염을 넣고 물을 조금씩 추가하며 반죽이 잘 뭉쳐지도록 갈아요.

2. 크러스트 반죽을 케이크 틀에 깔고, 그 위에 토핑용 크랜베리 1컵을 골고루 깔아 주세요.

화이트 크림

3. 고속 블렌더에 화이트 크림 재료를 넣고 물을 조금씩 추가하면서 크리미하게 간 다음, 크랜베리 위에 부어 냉동실에 30분 이상 얼려요.

크랜베리 크림

4. 고속 블렌더에 크랜베리 크림 재료를 크리미하게 갈아서, 얼린 화이트 크림 위에 채워 냉동실에 30분 이상 얼려 주세요.

크렌베리 필링

5. 고속 블렌더에 크랜베리 필링 재료를 크리미하게 갈아 맨 위에 붓고, 남은 토핑용 크랜베리 1컵을 고루 늘어놓은 다음 냉동실에서 3시간 이상 굳혀 마무리!

여름의 향기를 가득 품은 과일 딱딱이 복숭아로 달콤하고 상큼한 케이크를 만들어 볼게요. 대월 복숭아라 불리는 이 복숭아는 7월 중순쯤 시장에 나와요. 단맛은 말랑한 복숭아보다 덜하지만 신선한 맛과 아삭아삭한 식감이 매력적이지요. 딱딱이 복숭아 케이크는 짧은 복숭아 철에만 만들 수 있기 때문에 잊지 말고 기억해 두었다가 맛있는 케이크를 꼭 만들어 보세요. 복숭아 철이 끝나면 내년을 기약해야 하니까요!

재료 •1호 케이크 틀 1개 분량

크러스트
고운 코코넛 가루 1컵
루쿠마 가루 ¼컵, 반건시 반죽 2큰술
천일염 약간, 물 약간

초콜릿 가나슈
카카오 가루 3큰술, 코코넛 오일 ¼컵
아가베 시럽 2큰술, 천일염 약간

복숭아 필링
캐슈넛 1 ½컵, 아가베 시럽 2큰술
복숭아 과육 1컵, 코코넛 오일 2큰술
선플라워 렉시틴 1큰술
천일염 약간, 물 약간

미리 준비할 것
•코코넛 오일을 중탕으로 녹여 주세요.
•캐슈넛을 정수된 물에 3시간 이상 불려 주세요.
•복숭아는 씨를 제거하고 과육만 준비해 주세요.

크러스트

1. 푸드 프로세서에 고운 코코넛 가루와 루쿠마 가루, 천일염, 반건시 반죽을 넣고 물을 약간씩 추가하며 반죽이 뭉쳐지도록 갈아 주세요.

2. 크러스트 반죽을 케이크 틀에 깔아 주세요.

초콜릿 가나슈

3. 볼에 카카오 가루, 코코넛 오일, 아가베 시럽, 천일염을 잘 섞고

4. 크러스트를 깔아 놓은 케이크 틀에 초콜릿 가나슈를 부어 냉동실에서 30분 이상 굳혀 주세요.

복숭아 필링

5. 고속 블렌더에 캐슈넛과 아가베 시럽, 복숭아, 천일염, 선플라워 렉시틴을 넣고 물을 조금씩 추가하며 크리미하게 간 다음, 코코넛 오일 2큰술을 넣어 다시 한 번 갈아 주세요.

6. 굳은 초콜릿 가나슈 위에 복숭아 필링을 채워 3시간 이상 냉동해 완성!

견과류 케이크가 무겁게 느껴질 때~
가뿐한 느낌으로 즐기는 생기 있는 맛

단호박 케이크

호박이라면 호박죽, 수프로만 접하셨던 분들은 생단호박에 조금 어려움을 느끼실 수 있어요. 하지만 대추 크러스트 위에 올라간 단호박 케이크는 입에 들어가면 셔벗처럼 사르르 녹아내린답니다. 한층 더 가벼운 느낌으로 즐겨 보세요.

재료 • 2호 케이크 틀 1개 분량

크러스트
말린 대추 2컵, 카카오 가루 4큰술
아가베 시럽 1큰술

단호박 필링
단호박 ½개, 반건시 1개
아몬드 밀크 1컵, 아가베 시럽 3큰술
코코넛 오일 4큰술, 물 약간

미리 준비할 것
• 말린 대추를 물에 1시간 이상 불려 씨를 제거하세요.
• 단호박은 잘라서 씨를 긁어내세요.
• 코코넛 오일을 중탕해 녹여 주세요.
• 24쪽 아몬드 밀크를 준비해 주세요.

1 2
3 3

크러스트
1. 물기를 제거한 불린 대추 과육과 카카오 가루, 아가베 시럽 1큰술을 푸드 프로세서로 곱게 갈아 주세요.
   TIP 시럽은 취향에 따라 가감해 주세요.
2. 케이크 틀에 대추 반죽을 꼼꼼히 깔아 크러스트를 만들어 주세요.

단호박 필링
1. 고속 블렌더에 단호박과 아몬드 밀크, 반건시, 아가베 시럽을 넣고 물을 조금씩 추가하며 크리미하게 간 다음 코코넛 오일을 넣고 다시 한 번 갈아 주세요.
2. 단호박 필링을 크러스트 위에 부어 냉동실에서 4시간 이상 굳혀 주면 완성!

열대에서 온 코코넛과 망고의~
녹아내릴 듯 부드러운 데이트

코코넛 망고 치즈 케이크

견과류가 들어가지 않는 시원하고 부드러운 케이크예요. 망고는 코코넛과 맛과 향이 잘 어울려 함께 케이크로 만들면 그윽하고 신선한 맛이 그만이랍니다. 입 안에서 사르르 녹아내리는 열대 과일의 향이 기분마저 새롭게 만들어 줍니다.

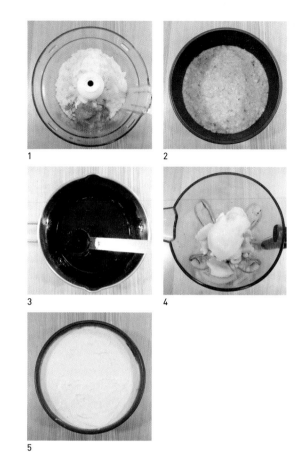

🌿 재료 ·2호 케이크 틀 1개 분량

크러스트

코코넛 플레이크 2컵

반건시 반죽 2큰술

루쿠마 가루 ¼컵

천일염 약간

물 약간

초콜릿 가나슈

코코넛 오일 ⅓ 컵

카카오 파우더 ¾컵

아가베 시럽 1큰술

천일염 약간

망고 필링

캐슈넛 3컵

아가베 시럽 2큰술

망고 2개

코코넛 오일 1컵

선플라워 렉시틴 1큰술

물 ¼컵

천일염 약간

🌿 미리 준비할 것

· 코코넛 오일을 중탕으로 녹여 주세요.

· 캐슈넛을 정수된 물에 3시간 이상 불려 주세요.

· 35쪽 반건시 반죽을 준비해 주세요.

크러스트

1. 코코넛 플레이크, 반건시 반죽, 루쿠마 가루, 천일염을 푸드 프로세서에 넣고 물을 조금씩 추가하며 잘 뭉칠 수 있도록 갈아 주세요.

2. 크러스트 반죽을 케이크 틀에 깔아 주세요.

초콜릿 가나슈

3. 코코넛 오일 ⅓ 컵에 카카오 파우더, 아가베 시럽 1큰술, 천일염을 볼에 잘 섞어 크러스트 위에 붓고 냉동실에서 30분 이상 얼려 주세요.

망고 필링

4. 고속 블렌더에 캐슈넛, 아가베 시럽 2큰술, 망고 과육, 물 ¼컵, 천일염, 선플라워 렉시틴을 모두 함께 크리미하게 갈고 코코넛 오일 1컵을 넣어 다시 한 번 갈아 주고,

5. 얼린 초콜릿 가나슈 위로 망고 필링을 채워 냉동실에서 3시간 이상 굳히면 완성!

화려하진 않지만~
소박한 멋이 있는

애플 토르테

토르테는 폭신한 시폰 케이크가 개발되기 전 가볍고 바삭하게 구운 과자에 잼을
샌드하여 만들었던 디저트로, 시폰 케이크와는 또 다른 매력이 있어 지금까지 사
람들의 사랑을 받고 있지요. 시나몬과 사과는 최고의 궁합을 자랑하는데요. 코코
넛 설탕과 시나몬에 절인 사과를 아몬드 크러스트에 샌드하면 촉촉하면서도 바
삭하고 향이 좋은 애플 토르테가 완성됩니다.

재료 • 2호 케이크 틀 1개 분량

사과 ½개
아몬드 1컵
호두 1컵
건포도 4큰술
코코넛 오일 2큰술
코코넛 슈가 1큰술
레몬 즙 ½개 분량
시나몬 2작은술

미리 준비할 것

• 아몬드를 정수된 물에 12시간 이상 불린
  후 식품 건조기로 건조시켜 주세요.

• 호두를 정수된 물에 4시간 이상 불린 후 건
  조시켜 주세요.

• 코코넛 오일을 중탕으로 녹여 주세요.

1. 사과를 채칼로 얇게 슬라이스하세요.

2. 푸드 프로세서에 아몬드와 호두를 갈아요.

3. 분쇄된 아몬드와 호두에 건포도를 넣고 물을 조금씩 첨가하며 크럼블 반죽이 잘 뭉쳐지도록 갈
   아 주세요.

4. 볼에 코코넛 오일, 코코넛 슈가, 레몬 즙, 시나몬을 잘 섞어 시나몬 글레이즈를 만들어 주세요.
   TIP 코코넛 슈가의 갈색은 오븐에 구운 것 같은 느낌을 내 주지요.

5. 케이크 틀에 크럼블 반죽을 얇게 깔고,

6. 크럼블 위에 사과 슬라이스를 올리고,

7. 요리용 브러시로 시나몬 글레이즈를 발라 주세요. 다시 크럼블, 사과 슬라이스, 시나몬글레이즈
   순으로 2, 3번 반복해 층을 쌓아서 냉장고에서 15분 숙성시키면 완성!

고소한 내새를 들이마시면~
향그암이 가슴을 가득 저셨요
로즈마리 브레드

베란다에서 키우고 있는 로즈마리 잎으로 빵을 만들어 봤어요. 허브 중에서도 가장 대중적인 인기를 누리고 있는 로즈마리는 특유의 신선한 향이 좋아 차로 자주 마시는데 항균, 살균 작용이 뛰어나고 피부 보습 효과도 탁월하답니다. 심신의 균형을 잡아 주고 기억력을 자극해 주는 로즈마리를 이제는 맛있는 빵으로 즐겨 보세요.

재료

호두 ½컵

오트밀 가루 ½컵

해바라기 씨 ¼컵

아마 씨 가루 2큰술

천일염 약간

아몬드 펄프 1컵

애플사이다 식초 ½큰술

아가베 시럽 3큰술

로즈마리 잎 1큰술

건크랜베리 ½컵

미리 준비할 것

•호두를 정수된 물에 4시간 이상 불린 후 식품 건조기로 건조시켜 주세요.

•해바라기 씨를 정수된 물에 8시간 이상 불린 후 식품 건조기로 건조시켜 주세요.

•오트밀과 아마 씨를 고속 블렌더로 곱게 갈아 가루로 만들어 주세요.

•24쪽 아몬드 펄프를 준비해 주세요.

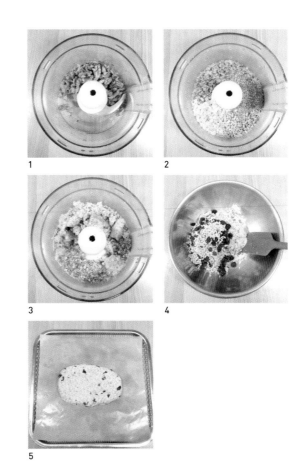

1. 푸드 프로세서에 호두를 갈아요.
2. 갈린 호두에 오트밀 가루, 해바라기 씨, 아마 씨 가루, 천일염 약간을 넣고 다시 갈아 주고,
3. 다시 아몬드 펄프, 애플사이다 식초, 아가베 시럽, 로즈마리 잎을 더하고 물을 조금씩 추가하면서 반죽이 잘 뭉쳐지도록 갈아 주세요.
4. 반죽을 볼에 담아 건크랜베리를 섞어 넣어요.
5. 모양을 잡아 식품 건조기 트레이에 올리고 45도 온도에서 12시간 이상 건조해 완성!

바나나는 저렴한 가격 때문에 원래의 가치가 저평가된 과일 중 하나죠. 피부의 노화를 막고 탄력을 높여 윤기를 흐르는 살결을 가꾸어 주는 바나나는 포만감에 비해 칼로리가 낮아 다이어트 식품으로도 인기가 있어요. 그 향 또한 탁월해 로푸드 브레드로 만들면 맛에 반하고 향에 한 번 더 반하게 된답니다.

재료

오트밀 ½컵, 아마 씨 가루 2큰술
시나몬 1작은술, 천일염 약간
아몬드 펄프 1컵, 바나나 1컵
반건시 1개, 아가베 시럽 1큰술
건포도 3큰술. 호두 ¼컵
물 약간

미리 준비할 것

• 아마 씨를 고속 블렌더로 곱게 갈아 가루로 만들어 주세요.
• 호두는 4시간 이상 정수된 물에 불린 후 건조시켜 주세요.
• 24쪽 아몬드 펄프를 준비해 주세요.

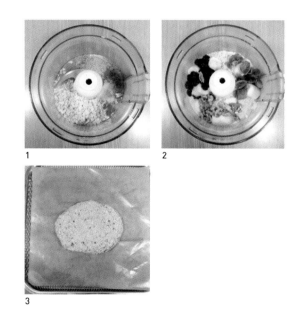

1   2

3

1. 푸드 프로세서에 오트밀, 아마 씨 가루, 시나몬, 천일염 약간을 넣고 갈아 주세요.
2. 아몬드 펄프, 바나나, 반건시, 아가베 시럽, 건포도, 호두를 마저 넣은 후 물을 조금씩 추가하며 반죽이 잘 뭉쳐지도록 다시 한 번 갈아 주세요.
3. 반죽을 빵 모양으로 잡아서 식품 건조기 트레이에 올리고 12시간 이상 건조하면 완성!

달콤하고 구수한 양파의 향이~
치즈와 잘 어울려요

어니언 치즈브레드

양파를 썰면 매운 기에 눈물이 나지요. 하지만 음식에 들어가면 달콤한 맛과 알싸한 향을 내 주는 귀중한 향신채예요. 한국 요리에 이미 양파가 빠질 수가 없을 정도죠? 양파를 사용해 맛있는 로푸드 빵을 만들 수 있어요. 양파 외에도 이것저것 많이 들어가 한 끼 식사로도 좋은 어니언 치즈 브레드를 만들어 볼게요.

❋ 재료

아몬드 1컵
양파 1컵
마늘 1톨
토마토 가루 2큰술
아마 씨 가루 ¼컵
영양 효모 ½컵
천일염 약간
물 약간

1

2

3

4

❋ 미리 준비할 것

• 아몬드를 정수된 물에 12시간 이상 불린 후 건조시켜 주세요.
• 아마 씨를 고속 블렌더로 갈아서 가루로 만들어 주세요.

1. 푸드 프로세서에 아몬드를 최대한 곱게 갈아서 볼에 옮겨 두세요.
2. 푸드 프로세서에 양파, 마늘, 토마토 가루, 아마 씨 가루, 영양 효모, 천일염을 넣고 물을 조금씩 첨가하며 걸쭉하게 갈아서
3. 아몬드 가루와 함께 섞어요.
4. 반죽을 빵 모양으로 잡아 식품 건조기 트레이에 올리고 45도 온도에서 15시간 이상 건조해 마무리!

    TIP 로푸드 크림 치즈를 곁들이면 더 맛있게 즐길 수 있어요.

기운없는 날에는~
달콤하고 짭짤한 양파 빵을
캐러멜라이즈드
어니언 콘브레드

요리할 때 빼놓을 수 없는 기본 채소 중 하나인 양파. 로푸드에서도 양파는 다양한 변신이 가능합니다. 양파를 미리 양념에 재워 두면 다양한 요리에 활용 가능하답니다. 기운 없고 당 떨어지는 날에 달콤 짭짤한 캐러멜라이즈드 양파로 힘을 내세요!

✿ 재료

오트밀 가루 ½컵
옥수수알 1컵
아마 씨 가루 2큰술
고운 코코넛 가루 2큰술
천일염 ½작은술
아몬드 펄프 1컵
캐러멜 어니언 절임 1컵
아몬드 밀크 ½컵
아가베 시럽 1큰술

✿ 미리 준비할 것

• 아마 씨와 오트밀을 고속 블렌더로 갈아서 가루로 만들어 주세요.
• 24쪽 아몬드 펄프를 준비해 주세요.
• 49쪽 캐러멜 어니언 절임을 준비해 주세요.

1

2

3

1. 푸드 프로세서에 오트밀 가루, 옥수수알, 아마 씨 가루, 고운 코코넛 가루, 천일염을 갈아 볼에 옮겨 두세요.
2. 같은 볼에 아몬드 펄프, 캐러멜 어니언 절임, 아몬드 밀크, 아기베 시럽을 넣고 물을 조금씩 추가하면서 주걱으로 잘 섞어 주세요.
3. 반죽을 모양 잡아 식품 건조기 트레이에 올리고 45도 온도에서 12시간 이상 건조해 완성!

오븐이 없어도 근사하게 완성되는~
영양만점 구수한 호밀 빵

호밀 빵

흑빵으로도 불리는 호밀 빵은 곡물의 영양을 가득 담고 있는 담백한 맛의 빵으로 다이어트에 아주 좋아요. 로푸드로 더 건강하고 맛있는 호밀 빵의 맛을 재현해 볼게요. 로푸드 호밀 빵은 그냥 먹어도 맛있지만 다른 재료를 넣어 샌드위치로 드셔도 맛있게 즐기실 수 있어요.

재료

오트밀 가루 ½컵, 아몬드 ½컵
아마 씨 가루 3큰술, 더치 커피 ½컵
카카오 가루 2큰술, 갈릭 파우더 ½작은술
천일염 약간, 아몬드 펄프 1컵
애호박 ½컵, 당근 ½컵
고운 코코넛 가루 2큰술, 아가베 시럽 2큰술
물 약간

미리 준비할 것

• 아몬드를 정수된 물에 12시간 이상 불린 후 식품 건조기로 건조시켜 주세요.
• 아마 씨를 고속 블렌더로 갈아서 가루로 만들어 주세요.
• 24쪽 아몬드 펄프를 준비해 주세요.

1   2

3   4

1. 푸드 프로세서에 오트밀과 아몬드를 넣고 갈아 주세요.
2. 아마 씨 가루, 더치 커피, 카카오 파우더, 갈릭 파우더, 천일염을 더하여 다시 한 번 갈아 주고
3. 아몬드 펄프, 애호박, 당근, 고운 코코넛 가루, 아가베 시럽을 넣고 물을 소금씩 추가하면서 반죽이 뭉칠 수 있도록 갈아 주세요.
4. 반죽을 빵 모양으로 잡아서 식품 건조기 트레이에 올리고, 45도 온도에서 12시간 이상 건조해 마무리!

평범한 듯하지만 깨알 같은 레시피~
기분 좋은 질감에 맛도 영양도 만점

당근빵

싱싱한 당근으로 포슬포슬한 당근 빵을 만들었어요. 당근과 정향 가루는 잘 어울리는 조합이랍니다. 특히 비 오는 날 더 더욱 그윽하게 풍기는 따뜻한 향기를 만끽할 수 있어요. 주룩주룩 비 내리는 오후, 따뜻한 차와 함께 당근 향이 솔솔 퍼지는 당근 브레드 한 입 어떠세요?

재료

오트밀 ½컵, 아마 씨 가루 2큰술
시나몬 파우더 2작은술, 정향 가루 ¼작은술
너트메그 가루 ⅛작은술, 천일염 약간
아몬드 펄프 1컵, 아몬드 밀크 ½컵
당근 펄프 또는 잘게 다진 당근 1컵
잘 익은 바나나 1개, 반건시 반죽 2큰술
다진 피칸 4큰술, 건포도 2큰술
아가베 시럽 3큰술
물 약간

미리 준비할 것

• 아마 씨를 고속 블렌더로 곱게 갈아 가루로 만들어 주세요.
• 24쪽 아몬드 펄프를 준비해 주세요.
• 35쪽 반건시 반죽을 준비해 주세요.

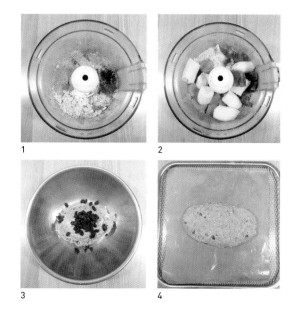

1   2

3   4

1. 푸드 프로세서에 오트밀, 아마 씨 가루, 시나몬 파우더, 정향 가루, 너트메그 가루, 천일염을 넣고 갈아요.
2. 아몬드 펄프, 아몬드 밀크, 당근 펄프, 바나나, 반건시 반죽, 이가베 시럽을 더하고 물을 소금씩 추가하면서 반죽이 잘 뭉칠 수 있도록 갈아 주세요.
3. 반죽을 볼에 담고 다진 피칸과 건포도를 주걱으로 잘 섞어 넣어요.
4. 식품 건조기 트레이에 테프론 시트를 깔고, 반죽을 빵 모양으로 잡아서 트레이에 올린 후 45도 온도에서 15시간 이상 건조하면 완성!

애프터눈 티에는 스콘이 기본~
더욱 특별한 로푸드로 즐기세요

당근 스콘

영국에는 점심과 저녁 사이에 여러 가지 티푸드를 곁들인 홍차 한 잔으로 여유와 즐거움을 향유하는 문화가 있어요. 알음알음으로 전파되어 우리나라에도 애프터눈 티 세트를 판매하는 곳이 심심찮게 보이죠. 홍차에 잘 어울리는 스콘을 소개합니다. 매력적인 시나몬과 생강의 향이 맛을 한층 좋게 해 당근을 싫어하시는 분들도 빠질 수밖에 없는 스콘입니다. 로푸드 당근 스콘으로 생당근에 도전해 보세요.

재료
아몬드 가루 1컵, 아마 씨 가루 ¼컵
당근 펄프 또는 당근 1컵
오렌지 즙 ½컵, 아몬드 밀크 ⅓컵
대추야자 3개
시나몬 파우더 ½작은술
생강 가루 ½작은술
천일염 약간, 물 약간
건포도 ¼컵, 다진 호두 2큰술

미리 준비할 것
• 아몬드와 아마 씨를 고속 블렌더로 곱게 갈아서 가루로 만들어 주세요.
• 24쪽 아몬드 밀크를 준비해 주세요.

1

2

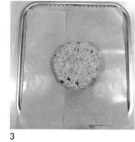
3

1. 푸드 프로세서에 아몬드 가루, 당근 펄프, 아마 씨 가루, 오렌지 즙, 아몬드 밀크, 대추야자, 시나몬 파우더, 생강 가루, 천일염 약간을 넣고 물을 조금씩 추가하며 반죽이 잘 뭉칠 수 있도록 갈아요.
2. 반죽을 볼로 옮겨 건포도와 다진 호두를 섞어 넣고,
3. 동그란 모양으로 뭉쳐서 식품 건조기 트레이에 올린 후 45도 온도에서 15시간 이상 건조시켜 주면 완성!
   TIP 크림 치즈를 곁들이면 더욱 더 맛있어요.

언제부터인가 아침나절 강남의 거리엔 한 손에는 베이글, 한 손에는 커피를 들고 출근하시는 분들을 많이 볼 수 있게 되었죠. 바쁜 아침 베이글은 직장인들에게 든든한 한 끼 식사가 되어 주고 있는데요. 이젠 메밀로 만든 로푸드 베이글과 함께 아침을 시작해 보세요. 더 활기찬 하루가 기다리고 있을 거예요.

재료

메밀 1 ½컵
해바라기 씨 1컵
반건시 1개
천일염 ½작은술
시나몬 파우더 2큰술
건크랜베리 ½컵

미리 준비할 것

- 메밀은 싹을 틔운 후 식품 건조기로 건조시켜 주세요.
- 해바라기 씨를 8시간 이상 정수된 물에 불린 후 건조시켜 주세요.

1
2
3
4

1. 싹틔운 메밀을 푸드 프로세서에 곱게 갈아 볼에 옮겨 두세요.
2. 해바라기 씨, 반건시, 천일염을 푸드 프로세서에 넣고 물을 조금씩 추가하며 걸쭉한 상태로 갈아서 메밀가루에 합쳐요.
3. 건크랜베리를 반죽에 섞어 넣고,
4. 식품 건조기 트레이에 테프론 시트를 깔고 반죽을 조금씩 떼어 베이글 모양으로 만들어 올린 다음 45도 온도에서 10시간 이상 건조해 완성!

프랑스는 유럽에서도 빵 문화의 자부심이 대단한 나라죠. 심플한 바게트를 비롯한 여러 가지 식사용 빵부터 질 좋은 버터와 크림을 듬뿍 쓰고 달콤한 과일과 글레이즈로 옷을 입힌 세련된 페이스트리까지! 따뜻한 차와 어울리는 로푸드 베이글을 프랑스 스타일로 만들어 봤어요. 종이봉투에 담긴 베이글을 베어 물며 파리를 활보하는 상상에 빠져 봐요.

재료

아몬드 펄프 1컵
오트밀 가루 ½컵
반건시 반죽 2큰술
아마 씨 가루 2큰술
고운 코코넛 가루 2큰술
레몬 ½개
베이컨 맛 소이비츠 1큰술 (없어도 됨)
천일염 약간

1

2

미리 준비할 것

• 오트밀과 아마 씨를 고속 블렌더로 갈아서 가루로 만들어 주세요.
• 24쪽 아몬드 펄프를 준비해 주세요.
• 35쪽 반건시 반죽을 준비해 주세요.

1. 푸드 프로세서에 모든 재료를 넣고 물을 조금씩 추가하면서 갈아 촉촉한 반죽을 만들어 주세요.
2. 식품 건조기 트레이에 테프론 시트를 깐 다음 아이스크림 스쿱 등으로 베이글 모양을 잡아 45도 온도에서 12시간 이상 건조해 마무리!

바삭한 식감과 진한 맛~
티타임의 최강자

코코넛 비스코티

과즙, 과육, 펄프까지 버릴 것이 하나도 없는 코코넛! 코코넛 밀크를 만들고 남은 코코넛 펄프도 버리지 않고 멋진 디저트를 만들어 볼게요. 비스코티는 원래 이탈리아 과자로 '두 번 구운 과자'를 뜻해요. 스콘과 함께 티타임에 빠질 수 없는 단골 티푸드지요. 로푸드 홈카페에서는 안 되는 메뉴가 없답니다!

재료

아몬드 가루 ¼컵
코코넛 펄프 1 ½컵
아마 씨 가루 1큰술
아가베 시럽 2큰술
코코넛 밀크 2큰술
물 약간

1   2

미리 준비할 것

• 아몬드를 정수된 물에 12시간 이상 불린 후 식품 건조기로 건조시켜 주세요.
• 아마 씨와 아몬드를 고속 블렌더로 갈아서 가루로 만들어 주세요.
• 22쪽 코코넛 밀크를 만들고, 펄프도 함께 준비해 주세요.

1. 아몬드 가루, 코코넛 펄프, 아마 씨 가루, 아가베 시럽, 코코넛 밀크를 푸드 프로세서에 넣고 물을 조금씩 추가하며 반죽이 뭉쳐지도록 갈아 주세요.
2. 반죽을 빵 모양으로 잡아 식품 선소기 트레이에 올리고 45도 온도에서 12시간 이상 선조해 마무리!

사랑스러운 매듭 모양으로~
뉴요커 기분 한가득

시나몬 프레즐

뉴욕 하면 제일 먼저 생각나는 프레즐! 바로 구워내어 커피와 함께 즐기는 미국식 도넛 프레즐은 동그랗게 꼬아 만든 매듭 모양이 보기만 해도 사랑스러워요. 밀가루 프레즐보다 고소한 로푸드 시나몬 프레즐을 만들어 봐요.

재료

아몬드 펄프 1컵
아마 씨 가루 1큰술
천일염 ¼작은술
캐슈넛 2큰술
아몬드 밀크 2큰술
생간장 3작은술
아가베 시럽 1큰술
물 약간

1

2

3

미리 준비할 것

• 아마 씨를 고속 블렌더로 갈아서 가루로 만들어 주세요.
• 캐슈넛은 정수된 물에 3시간 이상 불려 주세요.
• 24쪽 아몬드 밀크와 아몬드 펄프를 준비해 주세요.

Recipe

1. 푸드 프로세서에 아몬드 펄프, 아마 씨 가루, 천일염을 갈아 주세요.
2. 캐슈넛, 아몬드 밀크, 생간장, 아가베 시럽을 더하고 물을 첨가하며 갈아서 걸쭉한 상태의 반죽을 만들어 주세요.
3. 식품 건조기 트레이에 테프론 시트를 깔고 짤주머니에 반죽을 담아 프레즐 모양을 낸 다음 45도 온도에서 8시간 이상 건조시키면 완성!

머스터드 프레즐

코끝을 찡하게 해주는 알싸한 맛. 향긋한 머스터드가 들어간 프레즐입니다. 단맛과 짠맛이 조화를 이루고 알싸함으로 차원을 높인 색다르고 재미있는 맛을 즐겨 보세요. 세련된 모양에 지지 않는 식감이 저절로 행복한 기분을 만들어 줘요.

🌿 재료 •2호 케이크 틀 1개 분량

아몬드 가루 1 ½컵
아마 씨 가루 1큰술
천일염 약간
리얼 머스터드 1큰술
생간장 2작은술
아가베 시럽 1큰술
물 약간

🌿 미리 준비할 것

•아몬드와 아마 씨를 고속 블렌더로 갈아 가루로 만들어 주세요.
•34쪽 리얼 머스터드를 준비해 주세요.

1

2

3

Recipe

1. 푸드 프로세서에 아몬드 가루, 아마 씨 가루, 천일염을 갈고,
2. 리얼 머스터드, 생간장, 아가베 시럽, 물을 추가해 갈아서 걸쭉한 반죽을 만들어 주세요.
3. 식품 건조기 드레이에 테프론 시드를 끼고 반죽을 찔주머니에 넣어 프레즐 모양으로 짜내어 45도 온도에서 8시간 이상 건조해서 마무리!

참치 샌드위치·치킨 너겟·스트로베리 크레페·바나나 코코넛 크레페·하프 라자냐·리얼 라자냐·비트 라자냐

콘 치즈·스파이시 콘 치즈·콤비네이션 피자·컬리플라워 피자·스파이시 콘 피자·시금치 플랫 브레드

멕시칸 타코·피시 앤드 칩스·콘 수프·캐러멜라이즈드 어니언 수프

Chapter 06

브런치 메뉴

달콤한 간식이나 디저트 외에도
홈카페의 메뉴는 무궁무진!
건강한 맛으로 간단한 한 끼, 속이 든든해지는
로푸드 브런치를 만나 보세요.

어떻게 이런 맛이? 달콤하고 촉촉한~
든든한 끼니 대용 샌드위치

참치 샌드위치

식사를 걸렀을 때 얼른 한 입, 간편하고 맛있어 누구나 좋아하는 참치 샌드위치입니다. 이번에는 당근 펄프와 캐슈넛, 잣을 넣어 만든 든든한 로푸드 샐러드 어떠세요? 얇게 만든 양파 빵에 로푸드 참치 반죽을 듬뿍 넣어 샌드위치로 만들면 완성! 나들이 도시락으로도 아주 좋아요.

🌿 재료

양파 빵
양파 1 ½개, 아마 씨 가루
생간장 2작은술, 아가베 시럽 1큰술
천일염 약간, 물 ½컵

참치 반죽
캐슈넛 ½컵, 잣 1컵
다진 마늘 ⅓작은술, 천일염 약간
당근 펄프 또는 당근 3컵
셀러리 1줄기, 양파 ⅙개
물 약간
쌈 채소 1줌

🌿 미리 준비할 것
• 양파 1 ½개는 얇게 썰어 찬물에 담가 매운
  맛을 빼 주세요.
• 캐슈넛을 정수된 물에 3시간 이상 불려 주
  세요.
• 잣을 정수된 물에 8시간 이상 불려 주세요.

양파 빵
1. 아마 씨, 생간장, 천일염, 아가베 시럽, 물을 고속 블렌더에서 크리미하게 갈아 주세요.
2. 간 것을 볼에 옮기고 채 썬 양파를 넣어 섞어서 양파 빵 반죽을 만들어 주세요.
3. 식품 건조기 트레이에 테프론 시트를 깔고 양파 빵 반죽을 얇게 펴 바른 후 45도 온도에서 15시
   간 이상 건조시켜 주세요.
   ### 참치 반죽
4. 고속 블렌더에 캐슈넛, 잣, 다진 마늘, 천일염을 넣고 물을 조금씩 첨가하며 크리미하게 갈아 주
   세요.
5. 갈아 만든 소스를 볼에 옮기고 당근 펄프, 잘게 썬 셀러리, 다진 양파 ⅙개를 넣어 잘 섞어서 참
   치 반죽을 만들어 주세요.
   ### 참치 샌드위치
6. 양파 빵을 식빵 크기로 자르고,
7. 한쪽에 쌈 채소를 깔고 참치 반죽을 올린 다음 또 한 장의 빵으로 덮어 마무리!

정말 특별한 메뉴를 원할 때~
여러 가지 재료가 조화된 신기한 맛

시킨너겟

패스트푸드 가게에서 햄버거를 먹고도 배가 차지 않아 치킨 너겟을 추가로 주문해 먹던 때가 있었지요. 크기는 작지만 한 입 두 입 집어 먹다 보면 칼로리는 놀라울 정도로 높아지고, 몸에 좋지 않은 기름을 섭취하게 되지요. 찜찜한 시중 치킨 너겟 대신 서프라이즈한 로푸드 너겟을 만나 보세요. 치킨과 비슷해 깜짝 놀라실 거예요.

치킨 너겟

치아 씨 가루 ½컵, 양파 ½컵

파프리카 ⅛개, 옥수수알 ½컵

아가베 시럽 1큰술, 애플사이다 식초 ½컵

갈릭 파우더 ½작은술, 칠리 파우더 ¼작은술

미소 된장 1작은술, 카이엔 페퍼 ¼작은술

커민 가루 ¼작은술, 천일염 약간

아마 씨 가루 ½컵, 영양 효모 2큰술

참깨 가루 ¼컵, 해바라기 씨 가루 ¼컵

빵 가루

아마 씨 가루 1컵, 칠리 파우더 1작은술

천일염 약간

🌿 미리 준비할 것

• 치아 씨, 참깨, 해바라기 씨, 아마 씨를 고속
블렌더로 곱게 갈아 가루로 만들어 주세요.

• 생옥수수를 물에 1시간 이상 불린 후 칼을
이용하여 옥수수의 알만 잘라냅니다.

1

2

3

4

5

Recipe

1. 고속 블렌더에 치아 씨 가루, 양파, 파프리카, 옥수수알, 아가베 시럽, 애플사이다 식초, 갈릭 파우더, 칠리 파우더, 미소 된장, 카이엔 페퍼, 커민 가루, 천일염을 넣고 물을 조금씩 추가하면서 곱게 갈아 주세요.

2. 아마 씨 가루, 영양 효모를 더해 다시 한 번 갈아 볼에 옮기고,

3. 참깨 가루, 해바라기 씨 가루를 잘 섞어 치킨 너겟 반죽을 만들어 주세요.

4. 다른 볼에 아마 씨 가루, 칠리 파우더, 천일염을 잘 섞어 빵 가루를 만들고, 너겟 반죽을 조금씩 떼어 너겟 모양을 잡은 다음 빵 가루를 묻혀 주세요.

5. 식품 건조기 트레이에 너겟을 올리고 45도 온도에서 12시간 이상 건조시키면 고소한 치킨 너겟 완성!

새콤 달콤 딸기를 품고 있어서~
디저트로도 브런치로도 환영받아요

스트로베리 크레페

아직 우리나라에 대중화되지는 못했지만, 프랑스에서 크레페는 길가의 가게에 길게 줄을 서서 사 먹을 만큼 누구나 좋아하는 인기 간식이랍니다. 때로는 고급 레스토랑의 디저트로 변신하기도 하지요. 무엇이든 좋아하는 재료를 넣을 수 있는 크레페를 예쁘고 맛있는 딸기를 넣어 로푸드로 만들어 봤어요.

 재료

크레페
잘 익은 바나나 2개
아가베 시럽 (없어도 됨)

휘핑 크림
캐슈넛 1컵
물 ⅓컵
시럽 3큰술

토핑
딸기 1컵

 미리 준비할 것
• 캐슈넛을 정수된 물에 3시간 이상 불려 주세요.

1 2 3 4

1. 바나나를 푸드 프로세서로 갈아 크리미한 상태로 만들어 주세요.
   TIP 바나나의 당도가 부족하면 아가베 시럽을 첨가해 주세요.
2. 식품 긴조기 드레이에 테프론 시트를 깔고 동그랗게 모양을 잡아 반죽을 올린 다음 45도에서 8시간 이상 건조시켜 주세요.
3. 고속 블렌더에 캐슈넛과 시럽을 넣고 물을 조금씩 추가하며 크리미하게 갈아 주세요.
4. 완성된 크레페 위에 캐슈넛 크림과 딸기를 겹겹이 쌓아 주면 로푸드 스트로베리 크레페 완성!

달콤한 사랑을 담아~
돌돌 말아 드세요
바나나 코코넛 크레페

디저트로도 좋고 식사 대용으로도 즐기는 크레페. 하지만 높은 당도와 칼로리로 먹을 때 마다 죄책감이 들곤 해요. 밀가루 대신 바나나로 만든 크레페에 코코넛으로 만든 휘핑 크림을 발라 죄책감 없이 즐겨 보세요

 재료

크레페
잘 익은 바나나 2개
아가베 시럽 (없어도 됨)

코코넛 휘핑 크림
코코넛 밀크 1캔
아가베 시럽 1큰술

토핑
바나나 1개
카카오 닙 약간

 미리 준비할 것
•코코넛 밀크 캔을 냉장실에 6시간 이상 넣어 두세요.

1

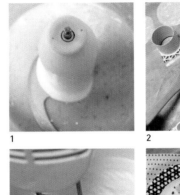
2

3

4

 Recipe

1. 잘 익은 바나나 2개를 푸드 프로세서로 갈아 크리미한 상태로 만들어 주세요.
   TIP 바나나의 당도가 부족하면 아가베 시럽을 첨가해 주세요.
2. 식품 건조기 트레이에 테프론 시트를 깔고 바나나 반죽을 동그란 모양으로 놓아서 45도에서 8시간 이상 건조시켜 주세요.
3. 코코넛 밀크와 아가베 시럽을 거품기로 저어 휘핑 크림을 만들어 주세요.
4. 완성된 크레페 위에 코코넛 휘핑 크림과 슬라이스한 바나나, 카카오 닙을 곁들이면 로푸드 바나나 코코넛 크레페 완성!

생채식이 아직 부담스러운 분께~
로푸드 대표 입문 요리

하프 라자냐

처음 로푸드를 접하시는 분들은 생채소에 거부 반응을 보일 수도 있어요. 특히나 애
호박을 익혀 먹는 메뉴들에 익숙한 우리나라에서 생 애호박을 먹는 것을 보면 놀라시
는 분들이 많아요. 처음 로푸드를 접하시는 분들이라면 반쯤 익힌 단호박의 달콤함으
로 다가가 보는 게 어떨까요? 하프 라자냐입니다.

재료

마리나라 소스 1컵

애호박 ½개

반쯤 익힌 단호박 2컵

고운 코코넛 가루 2큰술

아가베 시럽 1큰술

물 약간

어린 잎 1컵

방울토마토 1컵

양송이버섯

미리 준비할 것

• 28쪽 마리나라 소스를 준비해 주세요.

• 단호박을 반쯤 익도록 익혀 주세요.

• 양송이버섯을 얇게 잘라 올리브 오일과 간장에 절여 주세요.

 Recipe

1. 반쯤 익힌 단호박과 고운 코코넛 가루를 푸드 프로세서에 넣고 물을 조금씩 추가하며 걸쭉하게 갈아 주세요.

2. 채칼로 애호박을 라자냐 면 모양으로 얇게 켜 내세요.

3. 파운드 틀에 애호박 면을 깔아 주고,

4. 마리나라 소스를 깔고,

5. 단호박 크림을 깔아요. 다시 애호박 면, 마리나라 소스, 단호박 크림 순서로 2, 3번 반복해서 쌓아 주세요.

6. 어린 잎, 방울토마토, 절인 양송이버섯으로 토핑해 마무리!

TIP 호박고구마가 맛있는 계절에는 단호박 대신 호박고구마를 반쯤 익혀 사용해 보세요. 꿀 같은 달콤함이 찾아갑니다

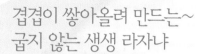

겹겹이 쌓아올려 만드는~
굽지 않는 생생 라자냐

리얼 라자냐

이탈리아 파스타 요리 중 하나로 유명한 라자냐는 넓적한 라자냐 면과 고기, 치즈 등
을 틀에 겹겹이 쌓아서 오븐에 굽지요. 만드는 방법이 쉬워 자녀들이 독립할 때 부모
님이 제일 먼저 가르쳐 주는 요리라고도 해요. 원래도 간단한 라자냐지만 더욱 더 간
단하고 신선한 로푸드 리얼 라자냐를 보여드려요.

재료

마리나라 소스 2컵
아몬드 리코타 치즈 1컵

라자냐 면

애호박 ½개

시금치 페스토

시금치 2컵

토핑

어린 잎 ½컵
양송이버섯 2개
생간장 ½컵
올리브 오일 ½컵

미리 준비할 것

• 28쪽 마리나라 소스를 준비해 주세요.
• 47쪽 아몬드 리코타 치즈를 준비해 주세요.

4   5

6   7

8   9

1. 애호박을 채칼로 얇게 켜서 라자냐 면을 만들어 주세요.
2. 양송이버섯을 얇게 썰어 올리브 오일과 생간장에 절여 주세요.
3. 시금치의 물기를 제거하고 푸드 프로세서로 잘게 다져 약식 시금치 페스토를 만들어요.
4. 마리나라 소스, 아몬드 리코타 치즈를 함께 준비한 후 넓은 유리병에 마리나라 소스를 바르고,
5. 애호박 리지냐 면을 깔고,
6. 절인 양송이버섯을 깔고,
7. 아몬드 리코타 치즈를 바르고,
8. 시금치 페스토를 깔고,
9. 다시 애호박 면, 마리나라 소스, 절인 양송이버섯, 아몬드 리코타 치즈, 시금치 페스토 순으로 2, 3번 반복해 완성!
   TIP 냉장고에서 15분 정도 숙성시켜 먹으면 더 맛있어요.

249

붉은 빛 아름다운 비트~
뿌리채소의 힘을 그대로

비트 라자냐

로푸드 라자냐 많이 맛보셨나요? 이번에는 보기만 해도 기분이 좋아지는 진한 핑크빛
의 라자냐입니다. 건강에 좋은 만큼 색깔도 예뻐서 다양한 요리에 활용되는 비트. 즙
으로 먹어도 맛있지만 생으로 먹어도 너무너무 상큼하답니다.

라자냐 면

비트 1개

애호박 ¼개

크림 치즈

캐슈넛 1컵

레몬 ½개

영양 효모 1큰술

천일염 약간

시금치 페스토

시금치 2컵

올리브 오일 2큰술

천일염 약간

물 약간

미리 준비할 것

• 캐슈넛을 정수된 물에 3시간 이상 불려 주
세요.

2

3

4

5

6

7

1. 비트와 애호박을 채칼로 얇게 켜서 라자냐 면을 만들어요.
2. 푸드 프로세서에 캐슈넛, 레몬, 영양 효모를 넣고 갈아서 크림 치즈를 만들어 주세요.
3. 푸드 프로세서에 시금치, 올리브 오일, 천일염을 넣고 물을 조금씩 넣으며 갈아 페스토를 만들
   어 주세요.
4. 비트 면을 깔고,
5. 크림 치즈를 바르고,
6. 애호박 면을 깔고,
7. 시금치 페스토를 발라요. 비트 면, 크림 치즈, 애호박 면, 시금치 페스토 순서로 2, 3번 반복해
   쌓아 주면 완성!

달콤하고 고소한 매력~ 손쉽게 만들어 먹는

캠핑을 가면 빠지지 않는 메뉴 콘 치즈. 치즈와 통조림 옥수수를 보글보글 끓여 먹는 콘 치즈는 달콤하고 고소한 맛으로 입맛을 자극하지만 먹고 나면 칼로리 폭탄으로 몸과 마음을 무겁게 하지요. 달콤하고 고소한 맛을 로푸드로 재현하고 거기에 상큼함을 더해 봤어요.

🌿 재료

옥수수알 1 ½컵, 캐슈넛 ¼컵, 아가베 시럽 1작은술
물 약간, 천일염 약간, 파슬리 가루 1작은술

🌿 미리 준비할 것

• 생옥수수를 물에 불린 후 칼로 잘라 알만 분리해 주세요.
• 캐슈넛을 정수된 물에 3시간 이상 불려 주세요.

1. 고속 블렌더에 옥수수알 ½컵과 캐슈넛, 아가베 시럽, 천일염을 크리미하게 갈아 소스를 만들고,
2. 남은 옥수수알 1컵에 소스와 파슬리 가루를 넣고 잘 섞어 주면 완성!

한국인의 힘! 매운 맛~ 고소한 콘 치즈에 곁들였어요

스파이시 콘 치즈

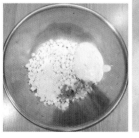

고소함이 지나쳐 느끼할 수 있는 콘 치즈에 매콤하고 강렬한 맛을 더했어요. 느끼함과 매콤한 맛은 궁합이 잘 맞죠? 청양고추 양은 취향에 따라 가감해 만들어 보세요.

🌿 **재료**
옥수수알 1컵, 양파 ⅓컵, 청양고추 1개, 갈릭파우더 1꼬집
로푸드 마요네즈 ½컵, 레몬 ⅓개, 천일염 약간, 후추 약간
아가베 시럽 ½작은술

🌿 **미리 준비한 것**
•생옥수수를 물에 불린 후 칼로 잘라 알만 분리해 주세요.
•27쪽 로푸드 마요네즈를 준비해 주세요.

  볼에 옥수수알, 곱게 다진 양파, 다진 청양고추, 갈릭 파우더, 로푸드 마요네즈, 레몬 즙, 천일염, 후추, 아가베 시럽을 모두 넣어 주걱으로 잘 섞어 주세요.

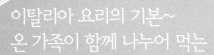

이탈리아 요리의 기본~
온 가족이 함께 나누어 먹는

콤비네이션 피자

이탈리아 요리 중에서도 가장 대중적인 피자는 외식이나 배달 음식으로 우리에게도 친숙해요. 특별한 날 아이들이 선호하는 음식이기도 하지요. 요즘은 갖 가지 다양한 메뉴로 고객을 공략하고 있지만 가족이 다 같이 먹을 때 최고 메뉴는 역시 토핑이 골고루 올라간 콤비네이션 피자죠. 로푸드 피자에서도 콤비네이션 피자의 다채로운 고소함을 재연해 봤어요. 함께 즐겨 보세요!

피자 도우

싹틔운 메밀 ½컵, 아마 씨 가루 1컵

당근 또는 당근 펄프 1컵, 셀러리 2줄기

올리브 오일 2큰술, 이탈리안 시즈닝 약간

천일염 약간, 물 약간

마리나라 소스 1컵, 크림 치즈 1컵

토핑

어린 잎, 양송이버섯

기타 채소, 영양 효모

미리 준비할 것

• 메밀은 물에 담가 싹을 틔운 후 식품 건조
기로 건조시켜 주세요.

• 아마 씨를 고속 블렌더로 가루로 만들어 주
세요.

• 28쪽 마리나라 소스를 준비해 주세요.

• 46쪽 크림 치즈를 준비해 주세요.

• 양송이버섯을 얇게 썰어 올리브 오일과 생
간장에 절여 주세요.

1 2 3 4 5 6

Recipe

1. 당근, 셀러리, 올리브 오일, 이탈리안 시즈닝, 천일염을 고속 블렌더에 넣고 물을 조금씩 추가하
며 크리미하게 갈아 주세요.

2. 갈아 만든 소스를 볼에 옮기고 싹틔운 메밀, 아마 씨 가루를 넣어 주걱으로 잘 섞어 주세요.

3. 건조기 트레이에 테프론 시트를 깔고 반죽을 피자 도우 모양으로 펴 놓아 45도 온도에서 8시간
이상 선조시켜 주세요.

4. 건조시킨 피자 도우에 마리나라 소스를 듬뿍 바르고,

5. 어린 잎, 절인 양송이버섯 등을 토핑하고 크림 치즈를 듬성듬성 올리고,

6. 영양 효모를 뿌리면 컴비네이션 피자 완성!

TIP 좋아하는 채소를 다양하게 토핑하면 더욱 맛있어요.

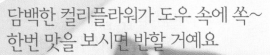

담백한 컬리플라워가 도우 속에 쏙~
한번 맛을 보시면 반할 거예요

컬리플라워 피자

한국에서는 아직 자주 만날 수 없는 컬리플라워. 하얀 브로콜리처럼 생겼지만 더 크고 더 부드러운 채소입니다. 노화 방지, 피부 미용에 탁월한 효과가 있는 컬리플라워는 샐러드로도 많이 먹지만 피자 도우 재료로도 훌륭하답니다. 컬리플라워로 만든 피자, 기대하세요!

재료

컬리플라워 1송이
아마 씨 가루 ½컵
오레가노 가루 1작은술
파프리카 ¼컵
영양 효모 1큰술
갈릭 파우더 1작은술
올리브 오일 1큰술
천일염 약간
물 약간
마리나라 소스
토핑용 야채

미리 준비할 것

• 아마 씨를 고속 블렌더로 곱게 갈아 가루로
  만들어 주세요.
• 28쪽 마리나라 소스를 준비해 주세요.

1. 컬리플라워의 꽃 부분만 잘라 주세요.
2. 잘라낸 컬리플라워 꽃을 푸드 프로세서로 곱게 갈아 가루로 만들고,
3. 볼에 컬리플라워 가루와 아마 씨 가루, 오레가노 가루, 다진 파프리카, 영양 효모, 갈릭 파우더,
   올리브 오일, 천일염을 넣고 물을 조금씩 추가하면서 주걱으로 잘 섞어 주세요.
4. 식품 건조기 트레이에 테프론 시트를 깔고 반죽을 피자 도우 모양으로 만들어 놓고,
5. 45도 온도에서 15시간 이상 건조시켜 주세요.
6. 건조시킨 도우에 마리나라 소스를 바르고,
7. 각종 야채로 토핑하면 컬리플라워 피자 완성!

257

매운 맛을 즐기는 당신께~
핫하게 성큼 다가가요

스파이시 콘피차

유명 피자 프랜차이즈에 유행한 메뉴 중에 매운 맛 피자가 있었죠. 색다른 맛이 었지만 느끼한 치즈와 매운 맛의 궁합이 너무 좋아서 인기를 많이 끌었어요. 느끼하기만 하면 금방 질리잖아요. 그 맛을 기억하여 청양고추 팍팍 썰어 넣어 만든 콘 치즈로 매운 피자의 맛을 느껴 보세요.

재료

피자 도우
호두 1 ½컵
아마 씨 가루 ¼컵
천일염 약간
아몬드 펄프 1컵
물 약간

토핑
스파이시 콘 치즈 1컵
새싹 1컵
방울토마토 1컵
다진 양파 ½컵

미리 준비할 것

• 호두를 정수된 물에 4시간 이상 불린 후 식
  품 건조기로 건조시켜 주세요.
• 아마 씨를 고속 블렌더로 갈아 가루로 만들
  어 주세요.
• 24쪽 아몬드 펄프를 준비해 주세요.
• 253쪽 스파이시 콘 치즈를 준비해 주세요.

2 3 4 5 6 7

1. 푸드 프로세서에 호두를 갈아요.
2. 아마 씨 가루와 천일염을 더해 다시 갈아 주고,
3. 아몬드 펄프를 넣고 물을 조금씩 추가하며 도우 반죽이 잘 뭉쳐질 수 있도록 갈아 주세요.
4. 식품 건조기 트레이에 도우를 모양 잡아 올리고 45도 온도에서 18시간 이상 건조시켜 주세요.
5. 건조시킨 도우 위에 새싹을 깔고,
6. 스파이시 콘 치즈를 깔고,
7. 다진 양파와 방울토마토를 토핑해 완성!

먹으면 힘이 나는 뽀빠이의 시금치~
신선함과 달콤함을 만나세요

시금치 플랫 브레드

카페 브런치로 한창 인기 있는 시금치 플랫 브레드, 보기만 해도 건강해지는 기분이
들지요. 피자에 시금치는 어울리지 않을 듯한 조합이지만 발사믹 소스와 함께하면 일
반적인 피자와 또 다른 새로운 맛을 경험할 수 있어요. 색 조합도 예쁜 플랫 브레드,
꼭 만들어 보세요.

🌿 재료

플랫 브레드
아몬드 2컵, 아마 씨 가루 1컵
올리브 오일 1큰술, 이탈리안 시즈닝 3큰술
천일염 1작은술, 물 약간
시금치 페스토 1컵

발사믹 소스
발사믹 식초 4큰술, 레몬 ½개
올리브 오일 4큰술, 아가베 시럽 2큰술

토핑
시금치 1줌, 양파 ½개
방울토마토 ½컵, 영양 효모 1큰술

🌿 미리 준비할 것

- 아몬드는 정수된 물에 12시간 불려서 세척 후 건조시켜 주세요.
- 아마 씨는 고속 블렌더로 갈아서 가루로 만 들어 주세요.
- 31쪽 시금치 페스토를 준비해 주세요.

Recipe

플랫 브레드

1. 아몬드를 푸드 프로세서로 갈아 주세요.
2. 볼에 갈린 아몬드와 아마 씨 가루, 올리브 오일, 이탈리안 시즈닝, 천일염을 넣고 물을 조금씩 추가하며 섞어 반죽을 만들어요.
3. 식품 건조기 트레이에 테프론 시트를 깔고 반죽을 올린 다음 45도 온도에서 10시간 이상 건조시켜 주세요.

발사믹 소스

4. 발사믹 식초, 레몬 즙 ,올리브 오일, 아가베 시럽을 잘 섞어 주세요.

토핑

5. 플랫 브레드에 시금치 페스토를 바르고 시금치를 둥글게 늘어놓아요.
6. 시금치 위에 방울토마토와 슬라이스한 양파를 토핑해 주세요.
7. 영양 효모를 뿌려서 풍미를 돋구고, 발사믹 소스를 조금씩 뿌려 마무리!

안주로도 굿!
멕시코의 전통 요리
멕시칸 타코

뜨거운 정열의 나라 멕시코를 대표하는 음식, 타코입니다. 타코는 일종의 샌드위
치로 토르티야에 고기나 채소, 치즈와 함께 특유의 향이 나는 소스를 넣어 먹는
요리인데요. 로푸드에서도 멕시코의 맛을 경험할 수 있어요. 푸짐하게 만들어 즐
겨 보세요.

재료

타코 미트
호두 ½컵, 양송이버섯 ½컵
생간장 ½작은술, 커민 1작은술
고수 가루 1작은술, 갈릭 파우더 ½작은술
어니언 파우더 ½작은술
칠리 파우더, 카이엔 페퍼 각 1꼬집

라임 소스
라임 ½개, 캐슈넛 ½컵
커민 ¼작은술, 칠리 파우더 ¼작은술
천일염 약간, 물 약간
칠리 나초 1컵, 쌈 채소 2줌
다진 토마토 ½컵

미리 준비할 것

• 호두를 정수된 물에 8시간 이상 불려 주세요.
• 캐슈넛을 정수된 물에 3시간 이상 불려 주세요.
• 116쪽 칠리 나초를 준비해 주세요.
• 토마토를 칼로 잘게 다져 주세요.

1 2 3 4

타코 미트
1. 푸드 프로세서에 호두와 양송이버섯을 갈아 주세요.
2. 생간장, 커민, 고수 가루, 갈릭 파우더, 어니언 파우더를 더하고 칠리 파우더, 카이엔 페퍼를 한 꼬집씩 넣고 갈아서 타코 미트 완성!

라임 소스
3. 고속 블렌더에 라임 즙, 캐슈넛, 커민, 칠리 파우더 ¼작은술, 천일염을 넣고 물을 조금씩 추가하며 크리미하게 갈아 소스를 만들어 주세요.

타코
4. 접시에 한 입 크기로 자른 쌈 채소와 다고 미트를 깔고 디진 토마토외 라임 소스를 올리고, 칠리 나초를 곁들이면 멕시칸 타코 완성!

영국을 대표하는 맛~
튀기지 않고 만들어요

피시 앤드 칩스

영국에 가면 꼭 먹어 봐야 하는 피시 앤드 칩스. 큼지막하게 튀겨낸 흰살생선 튀김에 감자튀김을 곁들인 이 요리는 영국 대표 서민 음식으로 동네 식당이며 학교 구내식당에서 흔히 만나볼 수 있지요. 바삭바삭한 흰살생선 튀김의 맛을 로푸드 홈카페에서도 당연히 맛볼 수 있어요.

🌿 재료

생선 반죽

아몬드 ½컵, 해바라기 씨 ½컵

셀러리 ½줄기, 양파 1큰술

레몬 ⅓개, 켈프 파우더 ½큰술

생간장 ½작은술, 딜 가루 ½작은술

천일염 약간, 물 약간

빵 가루

캐슈넛 ¼컵, 아마 씨 가루 2큰술

파프리카 가루 ½작은술, 천일염 약간

영양 효모 ½작은술, 타르타르 소스 ½컵

🌿 미리 준비할 것

• 아몬드를 정수된 물에 12시간 이상 불려 주세요.

• 해바라기 씨를 8시간 이상 불려 주세요.

• 캐슈넛을 3시간 이상 불린 후 식품 건조기로 건조시켜 주세요.

• 아마 씨를 고속 블렌더로 갈아서 가루로 만들어 주세요.

• 32쪽 타르타르 소스를 준비해 주세요.

Recipe

생선 반죽

1. 푸드 프로세서에 불린 아몬드와 해바라기 씨를 갈아요.

2. 셀러리, 양파, 레몬 즙, 켈프 파우더, 생간장, 천일염, 딜 가루를 넣고 물을 조금씩 첨가하며 갈아서 걸쭉한 반죽을 만들어 주세요.

빵 가루

3. 푸드 프로세서에 캐슈넛을 넣고 갈아 주세요.

4. 아마 씨 가루, 파프리카 가루, 천일염, 영양 효모를 추가하여 곱게 갈아 주세요.

피시 앤드 칩스

5. 생선 반죽을 조금씩 덜어 스틱 모양으로 만들고 빵 가루를 앞뒤로 묻혀 주세요.

6. 식품 건조기 트레이에 스틱을 올려 45도 온도에서 8시간 이상 건조시키고

7. 타르타르 소스를 함께 곁들여 내면 로푸드 피시 앤드 칩스 완성!

찬바람이 불면~ 내 마음을 녹여 줄
콘 수프

추운 겨울 간식으로, 또는 아침식사 대용으로 즐기던 따뜻한 콘 수프를 더 신선한 재료로 만들어 봤어요. 영양과 정성이 가득 담긴 콘 수프 한 그릇이면 오늘 하루도 든든하겠죠? 빠르게 휙 만들어 한 그릇 드시고 하루 시작하세요!

🌿 **재료**
  옥수수알 1컵, 코코넛 워터 1 ½컵, 타임 가루 ½작은술
  당근 ½컵, 마늘 1톨, 셀러리 ½줄기, 양파 1큰술, 천일염 약간

🌿 **미리 준비할 것**
  • 옥수수는 물에 불린 후 칼로 잘라 알만 분리해 주세요.

 Recipe 옥수수알을 제외한 모든 재료를 블렌더에 넣고 갈아 주세요.
옥수수알을 넣고 살짝만 다시 갈면 완성!

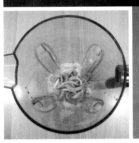

양파 수프는 한국인의 입맛에 정말 잘 맞는 수프죠. 로푸드 양파 수프도 달콤하고 구수한 캐러멜 향이 더해져 한 끼 식사로 손색 없는 수프랍니다. 찬바람이 불기 시작하는 계절 몸을 따뜻하게 해 줄 양파 수프로 감기 예방하세요!

🌾 **재료**

아몬드 밀크 2컵, 레몬 ½개, 미소 된장 ½큰술, 생간장 1큰술
타임 가루 ¼작은술, 발사믹 캐러멜 어니언 절임 1컵, 올리브 오일 1큰술

🌾 **미리 준비할 것**

• 24쪽 아몬드 밀크를 준비해 주세요.
• 50쪽 발사믹 캐러멜 어니언 절임을 준비해 주세요.

 고속 블렌더에 아몬드 밀크, 레몬 즙, 미소 된장, 생간장, 타임 가루, 발사믹 캐러멜 어니언 절임, 올리브 오일을 넣고 크리미하게 갈아 주세요.

꿀 자몽·라임 모히토·레모네이드·당근 셔벗·리치 망고·수박 모히토·솔티드 캐러멜 아이스커피·커피 프라페

로 커피 큐브 라테·핫 초코·에그노그·망고 프라페·코코넛 요거트·아사이베리 볼·멜론 빙수

천도복숭아 코코넛 스무디·스트로베리 치아 씨 드링크·바나나 아이스크림·카카오 아이스크림

캐러멜라이즈드 어니언 아이스크림·월넛 아이스크림·아이스크림 샌드·오렌지 크림 푸딩·초코 치아 푸딩

리얼 망고 바·망고 진저 하드

Chapter 07

커피, 차, 아이스크림

따뜻해지고 싶을 때 더욱 따스한 차 한 잔,
상쾌해지고 싶을 때 입 안이 개운한 아이스크림
어렵지 않은 홈카페 메뉴로 일상의 여유를 즐겨요.

얼음 음료를 잔뜩 마시게 되는 더운 여름날, 좀처럼 가실 줄 모르는 갈증을 달래 주는 것이 자몽의 쌉싸름한 맛이랍니다. 로푸드 꿀 자몽은 텁텁한 뒷맛 없이 적당한 당도와 신선한 맛으로 자몽 본래의 매력을 한껏 느낄 수 있어요. 아가베 시럽은 생꿀보다 쉽게 스며들어 쓰기 편하지요.

재료
자몽 1개
아가베 시럽 약간

1

2

3

1. 깨끗하게 세척한 자몽 윗부분 3분의 1을 잘라 주세요.
2. 칼로 껍질과 과육 사이를 끊어 주고 과육과 과육 사이에도 칼집을 내 주세요.
3. 칼집 낸 자몽에 아가베 시럽이 잘 스며들 수 있게 골고루 구석구석 부어서 마무리!

라임 모히토

뱃사람들이 즐겨 마셨다고 해서 '해적의 술'이라는 별명이 붙은 라임 모히토는 헤밍웨이가 사랑한 칵테일로 더욱 유명해졌어요. 요즘엔 한국에서도 인기 많지요. 찌는 듯한 무더위에 지쳐 버린 여름날, 신선한 애플민트와 라임이 어우러진 칵테일로 더위를 날려 버리세요!

재료
라임 1개
애플민트 1줌
탄산수 300밀리리터
아가베 시럽 약간

1

2

3

1. 라임 즙을 내 주세요.
2. 예쁜 컵에 애플민트를 담고 스푼이나 머들러로 꾹꾹 눌러 향을 냅니다.
3. 라임 즙, 아가베 시럽, 라임 슬라이스를 추가하고 탄산수를 부어 주면 완성!

레모네이드는 레몬으로 만든 에이드, 에이드란 천연 과즙에 물을 섞은 것을 말해요. 로푸드 레모네이드는 물대신 탄산수를 섞어서 조금 더 상큼하게 즐겨 볼 거예요. 이젠 집에서도 레모네이드를 쉽고 간편하게 만들어 보세요.

재료
레몬 1개
애플민트 1큰술
탄산수 300밀리리터
아가베 시럽 약간

1

2

3

1. 레몬은 반으로 잘라 얇게 한 장 썰어 놓고 나머지는 모두 즙을 내 주세요.
2. 유리병에 레몬 슬라이스와 레몬 즙을 넣고
3. 애플민트, 아가베 시럽을 약간 넣고 탄산수를 부어 완성!

당근 셔벗

프랑스어로 '소르베'라고 부르는 셔벗은 유제품이 들어가지 않거나 조금만 들어가
사각사각한 질감을 가진 과즙 얼음과자랍니다. 전통적으로는 과즙에 설탕과 양
주류를 넣어 만들지만, 로푸드 홈카페에서는 당근 본연을 맛을 그대로 살리면서
레몬으로 상큼함을 첨가한 리얼 당근 셔벗을 드실 수 있어요.

🍃 재료
당근 4개, 레몬 1개, 아가베 시럽 약간

🍃 미리 준비할 것
• 당근과 레몬은 즙을 짜 주세요.

1. 당근 즙과 레몬 즙을 그릇에 잘 섞어 냉동실에 1시간 동안 얼려 주세요.
2. 1시간 얼린 셔벗을 꺼내 긁어 일으켜서 다시 얼려요. 이 과정을 3번 반복!

리치망고

관광객들의 입소문으로 제주도 애월읍의 필수 코스가 되어버린 망고 셰이크예요.
달콤한 망고가 듬뿍 들어간 리치한 맛으로 인기몰이를 하고 있지요. 순수한 망고
그 자체인 로푸드 리얼 망고 셰이크를 맛보세요.

재료
망고 1컵, 물 ½컵

미리 준비할 것
• 망고는 과육만 얼려서 준비해 주세요.

얼린 망고와 물을 블렌더에 넣고 크리미하게 갈아 주면 리치한 망고 셰이크가 완성!

한여름의 보양식 수박으로 만든~
갈증 해소 최고의 이색 칵테일

수박 모히토

한여름 무더위를 달래 주고 원기를 보충해 주는 수박은 정말 고마운 친구죠! 뜨거운 햇볕을 받아 달디단 제철 수박을 이용해 멋진 칵테일을 만들어 봐요. 상큼한 애플민트와 라임의 조합으로 특유의 청량감을 자랑하는 모히토와 수박이 만나 불볕 더위도 차갑게 식혀 줄 계절 칵테일이 탄생했어요.

재료

수박 4~5조각
라임 즙 ½개 분량
아가베 시럽 약간
애플민트 1줌

토핑
얇게 썬 수박 1조각
애플민트 1줄기

1

2

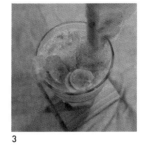
3

1. 애플민트 1줌을 유리 컵에 담고 스푼으로 짓이겨 향을 내 주세요.
2. 수박 4~5조각과 라임 즙, 아가베 시럽을 넣고 스푼으로 으깨면서 잘 섞어 주세요.
3. 탄산수를 붓고 토핑용 수박 조각과 애플민트를 올려 마무리!

푹푹 찌는 여름날의 카페에서 아이스 아메리카노는 독보적인 인기 메뉴지만, 가끔은 달달하게 마시고 싶을 때도 있어요. 더치 커피로 달콤하고 시원하게 만들어 본 솔티드 캐러멜 아이스커피는 미미한 소금기가 멋과 맛을 더해 준답니다. 날씬해지는 기분으로 우아하게 즐기세요!

재료

솔티드 캐러멜
반건시 1개
코코넛 오일 1큰술
천일염 1꼬집

솔티드 캐러멜 아이스커피
솔티드 캐러멜 3큰술
코코넛 밀크 1컵
아몬드 밀크 1컵
더치 커피 2컵
마카 파우더 1작은술
코코넛 슈가 약간

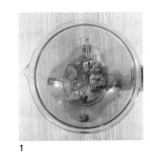

1   2

미리 준비할 것

• 코코넛 오일을 중탕으로 녹여 주세요.
• 22쪽 코코넛 밀크와 24쪽 아몬드 밀크를 준비해 주세요.

Recipe

1. 고속 블렌더에 반건시, 코코넛 오일, 천일염을 넣고 갈아 솔티드 캐러멜을 만들고,
2. 코코넛 밀크, 아몬드 밀크, 더치 커피, 마카 파우더, 코코넛 슈가를 마저 넣어 갈아서 완성!

무지하게 달달함이 당기는 날~ 별다방 말고 집에서 음미해요

커피 프라페

프라페는 얼음을 함께 갈아 여름철 시원하게 즐기는 음료죠. 유명 커피 프랜차이즈 인기 메뉴로 주문하면 에스프레소에 우유와 휘핑 크림을 넣어 고칼로리의 달디 단 프라페를 제조해 주지요. 로푸드 홈카페에서는 더치 커피를 기본으로 간단한 재료를 더해 가뿐하고 쉽게 즐길 수 있어요.

재료
더치 커피 1컵, 캐슈넛 ½컵
아가베 시럽 1큰술, 각얼음 ½컵

미리 준비할 것
• 캐슈넛을 정수된 물에 3시간 이상 불려 주세요.

Recipe   더치 커피, 캐슈넛, 아가베 시럽, 각얼음을 한꺼번에 고속 블렌더로 갈아 주세요.
TIP 진한 커피를 좋아하시면 커피의 양을 조금 늘려도 좋아요.

매일 아침을 커피로 시작하시는 분들 많이 계시죠? 커피는 카페인을 함유하고 있고 독특한 향기가 있어 끊기 힘든 음료 중 하나예요. 향기로운 커피를 멀리하기 힘들다면 로푸드 홈카페에서 카페인 없는 로 커피로 아침을 시작해 보세요.

재료

코코넛 워터 1컵, 반건시 1개, 캐롭 가루 2큰술, 페퍼민트 1큰술
너트메그 ¼작은술, 시나몬 ¼작은술, 아몬드 밀크 ½컵 (없어도 됨)

미리 준비할 것

•24쪽 아몬드 밀크를 준비해 주세요.

고속 블렌더에 코코넛 워터, 반건시, 캐롭 가루, 페퍼민트, 너트메그, 시나몬을 넣고 갈아 주세요.
TIP1 캐롭 가루를 더 넣으면 더 진한 커피를 즐기실 수 있어요.
TIP2 아몬드 밀크를 곁들여 라테로 즐겨도 좋아요.

땡볕에서 집에 들어왔을 때~
시원하고 세련된 여름 메뉴

큐브 라테

카페에 놀러갔을 때 이름도 비주얼도 넘 귀여워 한눈에 반해 버린 메뉴입니다. 우유를 부어 주면 예쁘게 얼린 커피 큐브가 우유 속에서 사르르 풀리면서 라테 아트를 펼쳐 내지요. 시원한 라테 생각이 날 때 로푸드 홈카페에서 예쁜 큐브 라테를 마셔 보세요.

재료

더치 커피 2컵
아몬드 밀크 4컵

미리 준비할 것

• 24쪽 아몬드 밀크를 준비해 주세요

1

2

3

1. 얼음 트레이에 더치 커피를 담아 얼려 주세요.
   TIP 냉동실에 오래 넣어두면 다른 음식 냄새가 배기 쉬워요. 트레이 뚜껑을 덮어서 얼리고, 얼면 바로 꺼내 주세요.
2. 긴 컵에 더치 커피 큐브를 담고 아몬드 밀크를 부어 주세요.
3. 큐브 라테 완성!

기분 나쁜 일이 있거나 찬바람이 불 때는 따뜻한 로푸드 홈카페의 핫 초코 한 잔 하면서 마음을 녹여 보세요. 아무리 우울한 날도 가장 달콤한 날로 변할 거예요.

재료

캐슈넛 1컵
물 3컵
카카오 가루 3큰술
천일염 약간
아가베 시럽 4큰술

미리 준비할 것

• 캐슈넛을 정수된 물에 3시간 이상 불려 주
세요.

1

2

3

1. 블렌더에 물에 불린 캐슈넛과 물을 담고 갈아 주세요.
2. 캐슈 밀크를 냄비에 넣고 저어가며 약한 불로 살짝 데워 주세요.
3. 캐슈 밀크가 살짝 데워지면 카카오 가루, 천일염, 아가베 시럽을 넣고 한 번 더 살짝 데워 마무
리!

에그노그는 우유를 베이스로 설탕, 달걀, 시나몬 파우더와 함께 럼주를 듬뿍 넣
어 먹는 미국의 겨울 음료에요. 크리스마스나 연말에 따뜻한 불 앞에서 에그노그
를 마시며 가족 또는 친구들과 푸근한 시간을 보내곤 하지요. 달걀을 넣지 않은
로푸드 에그노그로 따스한 시간을 만끽하세요.

🥄 재료

아몬드 밀크 2컵, 캐슈넛 ½컵, 바나나 1개, 대추야자 2개
코코넛 오일 1큰술, 루쿠마 가루 1큰술, 아가베 시럽 1큰술
너트메그 ½작은술, 시나몬 ½작은술

🥄 미리 준비할 것

• 24쪽 아몬드 밀크를 준비해 주세요.
• 캐슈넛을 정수된 물에 3시간 이상 불려 주세요.
• 대추야자는 씨를 제거하고 바나나는 냉동해 두세요.

고속 블렌더에 모든 재료를 넣고 곱게 갈면 로푸드 에그노그 완성!

별다방 히트 음료 프라페는 커피 프라페도 좋지만, 과일 프라페도 새콤 달콤 시원한 맛이 그만이지요. 과일만 있으면 휘리릭 갈아서 손쉽게 즐길 수 있어요. 망고와 바나나가 만나 탄생한 노란 행복 속으로 빠져들어 보세요.

✿ 재료
망고 1개, 바나나 2개, 물 약간

✿ 미리 준비한 것
• 망고는 과육만 잘라내 얼려 준비하세요.
• 바나나 껍질을 벗기고 얼려 두세요.

 블렌더에 망고와 바나나를 넣고 물을 조금씩 첨가하면서 갈아 주세요.

겉으로 봐선 몰라요~
우유 안 들어간 생식 요거트
코코넛 요거트

시중에서 구할 수 있는 유제품 요거트는 우유 외에 다량의 첨가물이 들어간 데다 당도가 높아서 자주 먹기엔 부담스러울 때가 많아요. 로 푸드 홈카페에서 만든 요거트는 코코넛 과육과 코코넛 워터를 자연 발효시킨, 첨가물 없는 채식 요거트랍니다.

재료

코코넛 미트 1개 분량
코코넛 워터 ½컵
프로바이오틱스 1캡슐

미리 준비할 것

• 코코넛 껍질을 깨 코코넛 워터를 따라 두고
코코넛 미트를 긁어내 준비하세요.

1   2

1. 고속 블렌더에 코코넛 미트와 코코넛 워터를 넣어 갈고,
2. 프로바이오틱스를 넣고 다시 한 번 갈아 준 다음, 서늘한 곳에서 24시간 발효시켜 마무리!

아사이베리 볼

요즘 핫한 아사이베리는 브라질 아마존 강 열대 우림에서 자라는 열매로, 그 놀라운 효능이 알려지면서 소비량이 급증하고 있어요. 수확량이 적고 먹을 수 있는 부분도 10~20퍼센트밖에 되지 않는 아주 귀한 열매랍니다. 신사동 유명 카페에서 급부상한 메뉴 아사이베리 볼. 맛있지만 비싼 가격과 적은 양에 항상 아쉬웠지요. 내 손으로 푸짐하게 만들어 끼니로도 즐길 수 있는 수제 아사이베리 볼입니다.

재료

바나나 1개
블루베리 2컵
아사이베리 파우더 4큰술
물 1컵

토핑

바나나
블루베리
키위
딸기
굵은 코코넛 가루 등

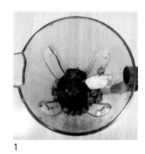 

1 2

1. 블렌더에 바나나, 블루베리, 아사이베리 파우더, 물을 넣고 곱게 갈아 주세요.
2. 바나나, 블루베리, 키위 등 각종 과일로 토핑하면 완성!

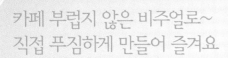

카페 부럽지 않은 비주얼로~
직접 푸짐하게 만들어 즐겨요

멜론 빙수

카페 데이트 중 볼륨감에 한 번 놀라고 맛에 한 번 더 놀란 메뉴, 멜론 빙수입니다. 아쉽지 않은 엄청난 양과 활짝 핀 꽃처럼 아름다운 비주얼이 여름날의 여심을 사로잡은 지 오래된 메뉴, 로푸드 홈카페에서는 예쁘기도 하지만 더 건강하게 멜론을 먹는 방법을 소개해 드려요

재료

멜론 1개
아몬드 밀크 6컵
아가베 시럽 2큰술
바나나 아이스크림 1스쿱

미리 준비할 것

•24쪽 아몬드 밀크를 준비해 주세요
•248쪽 바나나 아이스크림을 준비해 주세요.

1
2
3
4
5
6

Recipe

1. 아몬드 밀크를 아이스트레이에 부어 얼려 주세요.
2. 잘 익은 멜론 윗부분 3분의 1지점을 잘라 씨를 파내요.
3. 볼러로 멜론 과육을 동그랗게 뜨고,
4. 아몬드 밀크 얼음을 블렌더에 갈아 주세요.
5. 과육을 떠낸 멜론 속에 아몬드 밀크 얼음을 3분의 2 정도 채우고, 아가베 시럽을 뿌린 다음 남은 아몬드 밀크 얼음을 마저 쌓아 주세요.
6. 멜론 과육을 얼음 위에 소복이 올리고 바나나 아이스크림 1스쿱을 올려 마무리!

여름 제철 과일로 만든~ 계절 한정 카페 스무디

천도복숭아 코코넛 스무디

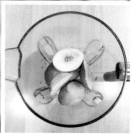

옥황상제의 과일 천도복숭아는 옛날이야기 속에서도 병이 다 낫고 날아갈 듯 상쾌해지며 수명을 늘려 준다고 할 정도로 대접 받던 과일이에요. 실제로 항산화 작용으로 우리 몸의 젊음을 유지하는 데 큰 도움을 주지요. 여름에만 맛볼 수 있는 달콤한 천도복숭아에 코코넛 과육을 더하여 더 예뻐지는 음료를 만들어 봤어요.

🥥 재료
코코넛 미트 1컵, 천도복숭아 2개
물 1컵

🥥 미리 준비할 것
• 코코넛에서 과육을 긁어내 준비해요.
• 천도복숭아는 씨를 제거해 과육만 준비해 주세요.

 Recipe 블렌더에 코코넛 미트, 천도복숭아, 물을 넣고 곱게 갈아 주세요.

스트로베리 치아 씨 드링크

운동 전에 배고픔을 참지 못하고 자칫 뭔가를 먹어 버리면, 운동할 때 위장에 부담이 많이 돼요. 그걸 알지만 돌아서면 찾아오면 배고픔을 참기는 힘들 때 치아 씨 드링크가 있어 다행이지요. 물을 만나면 부풀어오르는 치아 씨는 포만감을 주어 공복을 거북함 없이 충족시켜 준답니다.

재료
레몬 ½개, 딸기 1컵, 아가베 시럽 2큰술
치아 젤 2큰술, 물 2컵

미리 준비할 것
•41쪽 치아 젤을 만들어 주세요.
•레몬 즙을 짜 준비하세요.

 고속 블렌더에 레몬 즙, 딸기, 아가베 시럽, 물을 넣고 갈고, 치아 젤을 추가해 다시 갈아 주면 완성!

졸음이 몰려오는 한낮에~
달콤하고 건강한 한 입의 기분전환

바나나 아이스크림

바나나를 이용하면 첨가물 없이도 달콤한 아이스크림을 만들 수 있지요. 바나나를 안 좋아하던 사람도 바나나를 좋아하게 해줄 아이스크림입니다. 연한 바나나 색으로는 아쉬워 비트로 예쁘게 물을 들여봤어요.

재료

얼린 바나나 2개
비트 즙 1큰술
물 약간

미리 준비할 것

• 바나나는 껍질을 벗겨 냉동해 두세요.
• 비트 즙을 준비해 주세요.

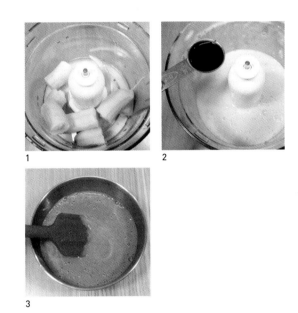

1

2

3

1. 얼린 바나나를 푸드 프로세서에 넣고 물을 조금씩 첨가하며 크리미하게 갈고,
2. 비트 즙을 넣고 갈아 색을 입혀요.
   TIP 비트 즙은 색을 내기 위한 것이라 없어도 괜찮이요.
3. 접시에 담아 1시간 이상 냉동실에서 굳혀 주면 완성!

가장 기본적인 메뉴가 최고의 맛~
너무 달콤해서 쓰러질 것 같은
카카오 아이스크림

입맛도 없고 기운도 없을 때 친근한 달콤함을 선물해 주는 카카오 아이스크림입니다. 베이스로 쓴 대추야자는 천연 자연강장제로 손발이 냉한 사람들에게 좋아 아랍권에서는 산후조리에 많이 먹는 과일이라고 해요. 우리나라 대추와는 또 다른 매력이 있어 최근 인기를 끌고 있지요. 색다른 초코 아이스크림의 맛을 경험해 보세요.

재료

캐슈넛 2컵
카카오 가루 6큰술
대추야자 또는 반건시 2큰술
아가베 시럽 3큰술
시나몬 약간
물 ½컵

미리 준비할 것

• 캐슈넛을 미리 정수된 물에 3시간 이상 불려 주세요.

1

2

1. 블렌더에 캐슈넛, 카카오 가루, 대추야자, 아가베 시럽, 시나몬, 물을 크리미하게 갈고,
2. 볼에 옮겨 냉동실에서 1시간 이상 굳혀 주면 완성!

팔방미인 마법 재료 양파~
아이스크림으로도 맛있어요

캐러멜라이즈드 어니언
아이스크림

양파가 들어간 아이스크림? 아마 생소하게 느끼실 거예요. 하지만 캐러멜 어니언 절임을 이용한 디저트 메뉴를 이것저것 만들어 보셨다면 믿고 도전해 볼 수 있겠지요. 맛있기만 한 것이 아니라 건강까지 책임지는 마법의 양파 아이스크림입니다.

재료

캐슈넛 1컵
아몬드 밀크 ½컵
아가베 시럽 2큰술
코코넛 버터 1큰술
건포도 ¼컵
캐러멜 어니언 절임 ½컵

미리 준비할 것

• 24쪽 아몬드 밀크를 준비해 주세요.
• 49쪽 캐러멜 어니언 절임을 준비해 주세요.

1

2

3

1. 고속 블렌더에 캐슈넛, 아몬드 밀크, 아가베 시럽, 코코넛 버터, 건포도를 크리미하게 갈고,
2. 캐러멜 어니언 절임을 넣고 한 번 더 갈아서,
3. 냉동실에서 1시간 이상 굳히면 완성!

한겨울에 먹으면 더욱 맛있는~
달콤 고소한 호두 아이스크림

월넛 아이스크림

디저트광인 제가 아이스크림 체인에서 가장 좋아하던 메뉴예요. 월넛 아이스크림은 아이스크림 전문점뿐 아니라 공장제 하드나 통 아이스크림으로도 다양하게 만들어지는 최고 인기 메뉴랍니다. 호두 알갱이가 쩨쩨하게 토핑으로 조금 뿌려진 아이스크림 말고 전체에 듬뿍 들어 있는 진짜 월넛 아이스크림을 만들어 보세요!

재료

호두 2컵
캐슈넛 1컵
아가베 시럽 ½큰술
천일염 약간
다진 호두 ½컵
물 ½컵

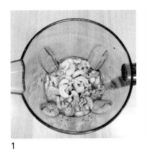
1

2

미리 준비할 것

•호두를 정수된 물에 4시간 이상 불려 주세요.
•캐슈넛을 정수된 물에 3시간 이상 불려 주세요.

3

1. 블렌더에 모든 재료를 넣어 크리미하게 갈아 주세요.
2. 아이스크림 머신으로 아이스크림을 만들고,
3. 컵에 담은 후 다신 호두를 듬뿍 토핑해 드세요!

쿠키도 먹고 싶고 아이스크림도 먹고 싶을 때~
함께 먹으면 한층 맛있는 찰떡궁합 샌드

아이스크림샌드

아이스크림과 바삭바삭한 쿠키는 환상의 조합이죠. 아이스크림만으로는 조금 부족
할 때, 부드러움과 바삭함을 함께 느껴보고 싶을 때 아이스크림 샌드를 추천합니다.
한 입 베어 물면 바삭 하는 소리와 함께 입안에 부드러운 코코넛의 맛이 퍼져요.

재료

진저 쿠키

아몬드 ½컵

반건시 1개

생강 파우더 ½큰술

천일염 약간

고운 코코넛 가루 ½컵

물 약간

아이스크림

코코넛 밀크 1컵(통조림 제품)

반건시 1개

아가베 시럽 2큰술

미리 준비할 것

• 아몬드를 정수된 물에 12시간 이상 불린
후 건조시켜 주세요.

• 코코넛 밀크를 냉장실에서 6시간 이상 굳
혀 주세요.

1. 푸드 프로세서에 아몬드를 갈아요.

2. 반건시 1개와 생강 가루, 천일염, 코코넛 가루를 넣고 물을 조금씩 추가하면서 잘 뭉쳐지도록 갈
아 쿠키 반죽을 만들어요.

3. 랩으로 반죽을 감싸 냉장고에서 1시간 이상 굳힌 다음

4. 얼린 반죽을 실온에 꺼내어 살짝 녹으면 롤러로 밀어서 평평하게 펴 주고, 쿠키 틀로 모양을 내
어 식품 건조기 45도 온도에서 8시간 이상 건조시켜 주세요.

아이스크림

5. 푸드 프로세서에 코코넛 밀크와 반건시 1개, 아가베 시럽을 넣고 간 다음

6. 아이스크림 머신으로 소프트 아이스크림을 만들어 주세요.

아이스크림 샌드

7. 진저 쿠키 사이에 아이스크림을 끼우면 로푸드 아이스크림 샌드 완성!

오렌지는 초코를 좋아해~
생각보다 잘 어울리는 사이

오렌지크림푸딩

상큼한 오렌지와 달콤한 초코는 의외로 잘 어울리는 조합이라 여러 디저트에서 활용되고 있어요. 케이크로 즐겼던 오렌지 초코를 이번에는 푸딩으로 즐겨 볼게요. 초코와 부드러운 오렌지 크림의 조합! 상상만으로도 즐거운 메뉴네요.

재료

초코 푸딩
대추야자 2개, 아가베 시럽 1큰술
아보카도 1개, 카카오 파우더 2큰술
물 약간

오렌지 크림
캐슈넛 1컵, 코코넛 밀크 ½컵
아가베 시럽 1큰술, 천일염 약간
선플라워 렉시틴 1큰술, 코코넛 오일 2큰술
오렌지 1개

미리 준비할 것
•캐슈넛을 정수된 물에 3시간 이상 불려 주세요.
•코코넛 오일을 중탕으로 녹여 주세요.

1
2
3
4

1. 푸드 프로세서에 대추야자, 아가베 시럽, 잘 익은 아보카도 과육, 카카오 파우더를 넣고 물을 조금씩 첨가하며 곱게 갈아서 푸딩을 만들어 주세요.
2. 오렌지 즙을 짜고,
3. 고속 블렌더에 캐슈넛, 코코넛 밀크, 아가베 시럽, 천일염, 선플라워 렉시틴, 코코넛 오일, 오렌지 즙을 넣고 크리미하게 갈아 주세요.
4. 오렌지 크림과 초코 푸딩을 컵에 세팅해 마무리!

바나나만으로는 아쉬울 때, 살짝 궁한 초콜릿을 불러 주세요

초코 치아 푸딩

치아 씨는 물을 만나면 부풀어 오르는 성질이 있어 로푸드 디저트를 만들 때 자주 사용되는 귀한 재료죠. 바나나와 카카오만 섞어서 먹어도 맛있지만 치아 젤을 함께 넣어 주면 몽글몽글한 푸딩으로 즐길 수 있어요. 거기에 시나몬 향까지 더해지면 완전 매력 만점 카페 디저트로 탄생합니다.

🌿 **재료**
치아 젤 ½컵, 바나나 1개, 카카오 가루 1큰술
시나몬 파우더 ½작은술, 물 약간

🌿 **미리 준비할 것**
• 41쪽 치아 젤을 준비해 주세요.
• 바나나는 껍질을 벗겨 냉동해 두세요.

 푸드 프로세서에 모든 재료를 넣고 물을 조금씩 첨가하며 크리미하게 갈아 주세요.

310

망고를 먹는 새로운 방법~ 섭지코지의 추억이 떠오르는

리얼 망고 바

제주도의 길거리 카페에서 맛보았던 망고 바를 소개해요. 별다른 기술이 들어간 것도 아닌데 지금까지 먹어 본 아이스 바 중에서도 제일 맛있었어요! 망고를 통째로 얼려 여름의 더위를 시원하게 날려 줄 로푸드 망고 아이스 바로 만나 보세요.

🌿 재료

망고 1개

🌿 미리 준비할 것

• 망고의 심에서 과육을 양쪽으로 저며내고 껍질을 벗겨 준비해 주세요.

Recipe 망고 과육에 스틱을 꽂아 냉동실에서 그대로 1시간 이상 굳히면 됩니다.

신기한 향과 맛의 조화~ 이국의 맛으로 마음까지 시원해져요

망고 진저 하드

달콤하고 부드러운 망고의 향과 맛에 더해진 생강 특유의 향은 생각보다 잘 어울리는 조합입니다. 오히려 망고만 먹을 때의 빈 자리를 생강 향이 한결 채워 주는 역할을 해요. 열대 느낌 가득한 맛과 향을 시원하게 만끽해 봐요.

재료
망고 1컵, 생강 1톨(새끼손톱 크기), 물 ½컵

미리 준비할 것
• 망고의 심과 껍질을 제거하고 과육만 얼려 준비해 주세요.

Recipe 얼린 망고, 생강, 물을 고속 블렌더에 크리미하게 갈아서 하드 틀에 부어 준 후 3시간 이상 얼리면 완성!